不求人文化
Diy Culture Publishing

我的第一本
手做 健康甜點

新手也能完成的 *92* 種幸福蛋糕與餅乾

參考事項

1. 所有粉末都要用濾網過濾後使用。
2. 奶油要使用無鹽奶油。
3. 基本糖漿是有機砂糖 50 公克和水 100 公克煮到融化為止，然後放置冷卻後使用。
4. 雞蛋牛奶是利用 1 顆雞蛋、牛奶 100 公克、水 100 公克、些許的鹽巴來混合製作成的。
5. 烤箱的溫度和烘烤時間會因烤箱的種類而有差異。
6. 所有的烤箱盤和麵包模內側都要塗抹油後使用。

Healthy
Cake  Cookie

新手也能完成的**92**種幸福蛋糕與餅乾

創造有個人風味的手工料理

　　自從踏上製菓人之路後，有好一段時間我便埋頭苦思一個問題：「該如何做才能夠跟上那些先驅技術呢？」現在回顧過去，當時這個看起來像是遙不可及的目標，隨著一一領悟後的喜悅達成了。觀察全世界最具代表的糕點，並挑戰世界最棒產品和技術的那股澎湃感，似乎就是讓我展開製菓人生的因素。

　　雖然追求最棒的味道是毫無止盡的，但隨著技巧熟練到可以隨心所欲創造出自己想要的味道後，就會想要創造出比較與眾不同的東西。我想要打造出一種乍看下一樣，但實際上品嘗後發現味道卻不同的金永模風格，經過一番苦思後所作出的結論就是「每天吃也吃不膩的麵包」，也就是吃起來不像是特殊食品，宛如就像是剛煮好的飯一樣的麵包。沒有任何人工添加物，利用純穀物發酵製作成的麵包就是這樣開始的。

　　在利用我們特有的農產品和天然材料來研發產品的過程中，我頓時發現原來這才是和在家做飯一樣的偉大家庭食品，儘管不是精巧的形狀或高度的技巧，由於可以即時使用日常生活中新鮮的食材，所以是最佳的手工家庭料理(Home making)。我之所以會支持手工家庭料理是因為唯有這樣才可以提升甜點，畢竟品嘗過秉持誠心使用好的食材製作成的各種味道後，才會懂得它的價值，為了能讓一般家庭輕易取得所有配方而重新研發，材料也是以可以輕易取得的綠化環境的在地化為主。

　　本書中特別使用了相當多一般家庭餐桌上都會出現的食材，利用豆腐取代鮮奶油，利用豆奶取代牛奶，除了代表性的健康食品—覆盆子、棗子、蜂蜜以外，還有各種堅果類，以及南瓜、蓮藕、番茄、番薯和馬鈴薯等經常接觸得到的食材來製作麵包。不能只是因為對身體有益而放棄，雖然可能無法第一眼就喜歡上，但是卻可以體驗隨著時間的流逝會不斷地想起與令人好奇的最好美味。

金 永 模

Contents

米蛋糕
rice cake

健康餅乾
healthy cookie

如同蛋糕一樣不會發酵的麵包
cake bread

添加蔬菜的零食用麵包
veggie bread

養生三明治
well-being sandwich

在家可以製作的天然冰淇淋
natural ice cream

special message !

利用天然材料、在地農產品製作！健康蛋糕和餅乾材料

在地高筋麵粉

利用在地栽培的小麥製作成的高筋麵粉，由於是沒有使用防腐劑的本土農產品，所以更加值得信任。化石燃料消耗得比起歷經漫長旅程進口的原料更低，基於環保的層面，較值得推薦。

製作麵包用的米粉・純米粉

製作麵包用的米粉添加有麩質，可以製作成像麵粉一樣具有嚼勁的麵包。純米粉是完全沒有加麩質等添加物的100％米粉，為了對麩質會過敏的人而使用的。

有機砂糖・黑砂糖・楓糖・Panela sugar

這些是可以取代白砂糖的糖類，Panela sugar是從仙人掌當中萃取出製作成的，楓糖則是利用楓樹的汁液製作成的，依照麵包的種類不同來挑選合適的糖類。

泡打粉・小蘇打

像酵母一樣讓麵包膨脹，泡打粉具備讓麵團往上膨脹的力量，小蘇打則有讓麵團往旁邊膨脹的力量，若是觸碰到水就會立刻開始活動，所以麵團揉好後就要立刻進行烘烤。

楓樹糖漿

煮楓樹樹液製作成的天然甘味料，是加拿大的特產品，像蜂蜜一樣具備特殊香味，增添麵包的風味。

豆奶

製作麵團時，可以利用豆奶來代替牛奶，這是一種可以攝取豆類營養的方法，對牛奶過敏或有乳糖不耐症的人適合食用使用豆奶製成的麵包。盡可能使用沒有添加砂糖的豆奶。

豆腐

製作沒有添加乳製品的蛋糕時，可以利用豆腐取代鮮奶油製作奶油，另外，加入麵團中的話，口感和乳酪很類似，所以也是一種可以降低乳酪蛋糕卡路里的材料。用棉布包覆壓過去除水分後再使用。

莫薩里拉乳酪 (Mozzarella)

柔軟的軟質乳酪─莫薩里拉乳酪融化後，會形成獨特的嚼勁，經常用來製作料理或麵包。莫薩里拉乳酪有各式各樣的種類，像是切過用來製作披薩時使用的加工品、微硬且呈現塊狀的類型、以及保存期限短且非常柔軟的新鮮莫薩里拉乳酪等。

紫色番薯

泛紅的花青素色素具有卓越的抗酸化作用，一般的番薯只有外皮才有，但是紫色番薯則是整個都具備花青素。對於抗癌與高血壓都具備效果。

甜菜

連內部都泛著赤紫色的甜菜含有豐富的鐵質，有助於生成血液，是對貧血有益處、膳食纖維與抗酸化成份豐富的食品。只要稍微加入些許甜菜汁，顏色就會變紅，經常用來當作天然色素使用。

美洲南瓜

體積比櫛瓜更大，含有豐富的醣類和維他命A，由於內部結實，義大利料理或中國料理經常使用，也很適合加入麵團中烤來食用。

蓮藕

蓮花的花、籽、葉子和根全都可以用來製作料理，而蓮花的根是蓮藕，含有豐富的膳食纖維和維他命C，對預防便祕很有效果。就算煮熟了，依然相當酥脆，所以口感相當棒。

剝殼栗子

這剝去外皮煮過的栗子連內皮也可以食用，栗子的內皮稱為栗皮，被當作漢藥藥材使用，具有讓皮膚保溼的效果，也被當作化妝品材料使用。

剝殼栗子在市面上也有以罐頭方式販售的。

香草豆

宛如細長的莖，一般的香草豆是一種內部有黑色小種子的果實，將莖切成一半，然後用刀將內部清空後使用。能夠有效地去除雞蛋散發出來的腥味，同時散發獨特的風味，如果沒有香草豆時，可以利用香草精代替。

橄欖

地中海沿岸盛產的橄欖有草綠色和黑色兩種，這兩種並非不一樣，而是草綠色的橄欖熟後就會變黑色。

橄欖當中含有豐富的抗酸化物質，被視為預防老化的長壽食品。

葡萄乾

將葡萄曬乾製作成的葡萄乾是一種含有豐富膳食纖維、維他命和鐵質的營養食品。可以輕易取得，在製作糕點類時經常使用，浸泡在蘭姆酒或白酒後使用的話，就會變得相當柔軟，同時提升其口感。

最低程度的工具，讓新手也能像專家一樣！簡便工具

碗

最好能準備大小不同的不鏽鋼碗和玻璃碗，製作麵團時若是準備能容納3公升(L)左右的水的碗會很方便，計算材料時，小碗則相當有用處。

電子磅秤

製作糕點量測材料容量時大部分都以公克(g)來計算，液體同樣也是得利用公克(g)作為單位測量後正確地加入，使用以1公克(g)單位顯示的電子磅秤會更方便。

桿麵棍

製作餅乾時利用桿麵棍桿出形狀，一般比較常用木頭製作成的桿麵棍、薄的桿麵棍兩種，在切餅乾麵團時，可以取代尺當作基準線方便地使用。

攪拌器

攪拌麵團時、攪拌液體時需要使用，像純米粉麵包麵團一樣稀釋麵團就要利用攪拌器均勻地攪拌，最好大、中各準備一支。

塑膠飯匙・木頭飯匙

塑膠飯匙可以將材料乾淨地挖出，在混合材料以及讓麵團上方均勻時皆可使用。木頭飯匙比塑膠飯匙更有力，在攪拌米粉麵團等的時候使用。

篩網

在過濾粉末時、撈起浸泡在水中的材料且去除水分時使用，要均勻撒下粉末時也需要，所以最好能準備大、小篩網各一支。

切刀

揉麵團時、將麵團聚集在一起時、切麵團時、將麵包進行造型時等各種用途皆可使用，有塑膠製和不鏽鋼製兩種。

擠花袋

將麵團進行造型或在麵包上添加奶油時使用，用布製作的擠花袋夠堅固，同時可以再次使用，不過，由於必須晾乾，所以需要多加留意。最近較流行的是塑膠製作成的免洗擠花袋，使用相當方便。

杯模和瑪芬杯

這是一種烤瑪芬時使用的模具，烘烤時最好各自套上紙杯來使用，近來也有利用紙製作成的各式各樣產品，依照自己想要的設計挑選符合目的的產品來使用。依照自己的烤箱來挑選尺寸。

環狀蛋糕模

雖然烤蛋糕時也會使用，但是烤米麵包或磅蛋糕等也可以像蛋糕一樣讓它成形，只要擁有一個，就可以讓在家裡烤的物品進行各式各樣的變化，相當有用處。使用時內側要塗上油後使用。

烤箱盤

在烤餅乾時或烤麵包時可以放在上方烤，不要使用凹凸不平的，最好使用平坦的烤箱盤。相同的產品有2～3個左右就可方便地使用。

打孔輪（Piquer）

這是一種製作派之類的食物時，將其挖出洞孔的道具，由於呈現滾輪狀，只要滾過一次就會出現一定的洞孔。沒有此工具的話，也可以利用叉子在各處製作出洞孔。

圓形切取器

刀刃薄且使用方便，切薄麵團時相當方便，經常用來當作切披薩的工具，有褶皺的刀刃具備可製作出新形狀的優點，搭配尺來使用會更加方便。

小型攪拌機

由於製作糕點時使用的材料容量不多，小型的攪拌器偶爾會更有用的，將材料均勻切開或混入液體材料時可以使用。搭配手動攪拌器可以方便地形成鮮奶油泡沫。

刷子

在薄片蛋糕上塗抹糖漿或製作餅乾時使用，雖然較寬的使用時會比較方便，不過一般家庭只要準備寬度4～5公分的刷子，就可以當作各種用途使用，最好可以準備2個以上的乾燥刷子。

刨刀・研磨器

雖然帕馬森乳酪或巧達乳酪等都有研磨後上市的產品，但是直接買一整塊來研磨會更具風味，可以呈現天然的味道。就像小研磨器的刨刀在研磨檸檬或柳丁的外皮時可以使用。

烘培基礎常識

第一次在家動手烘培的人一般都是從最簡單的鬆餅或餅乾開始，由於就算沒有發酵也無所謂，所以過程相當容易。
在此，有幾項需要遵守的原則，在進行烘培之前先牢記下來，如此一來就不會失敗。
更重要的是能夠熟練使用工具，這樣就可以提升完成度。

粉末要經過篩網過濾一次後再使用

麵粉、黑麥粉、米粉等製作蛋糕、餅乾和麵包的粉末類要經過篩網過濾一次再使用，用篩網過濾後，粒子就會比較均一，空氣均勻進入粉末後，製作麵團時黏成一團的機率就會降低。麥麩或粗全麥麵粉等顆粒較大的則是直接使用就可以了。

要正確遵守材料的容量

製作糕點時，量的精準度是相當基本的一項條件，就算材料的量只有2～3公克，也是扮演著重要的作用，即使是些許的份量也不能忽視。利用塑膠湯飯匙或湯匙加入正確數量的材料，就算是1公克也可以會導致失敗的一大因素。

奶油融化

製作添加奶油的麵團時，必須對處理奶油的方法多加費心，雖然夏天時在室溫下會變得很柔軟，但冬天時卻不會輕易融化，所以也會放進微波爐讓其融化後再使用。隨著麵團的不同，會利用攪拌器將柔軟狀態的奶油（butter）製作成像鮮奶油（cream）一樣使用，也會讓它完全融化成液體後加入。奶油融化時裝入玻璃碗或陶瓷器，放進微波爐20～30秒就會融化成液體狀。不過，千萬要注意別微波太久導致奶油煮沸。隨著奶油的份量不同，也有可能呈現黏糊狀的液體，因此，要妥善調整時間。奶油融化一半以上時取出攪拌的話，殘餘的熱會讓它柔軟融化的。

使用檸檬

雖然只有使用少量的檸檬，然而，無論是要製作麵包、蛋糕或餅乾，檸檬對於味道會形成非常重要的作用。檸檬是一種可以消除雜味，同時賦予香味的關鍵材料，使用檸檬時要撒上粗鹽搓揉，接

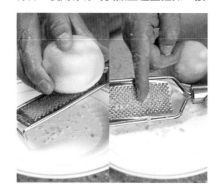

著用水清洗過後再使用。檸檬的皮和汁都可以使用，皮的部分只使用外層黃色的部分，黃色外皮內側的白皮有苦味，千萬要注意。利用刨刀刨過後使用、或用刀切薄剝下搗碎後使用，在擠檸檬汁時要切成一半來擠，在切之前先放著用手掌施力壓過再使用，如此一來汁的量就會變多。使用橘子皮或汁的時候也是利用相同的方法進行。

製作蘋果汁

可以使用天然蘋果汁產品，也可以直接磨蘋果來使用，利用刨刀磨蘋果後直接加入即可。雖然只要擠出汁就可以了，就算有殘渣跑進去也不會造成太大的影響，可以放心地使用。蘋果的顏色變成褐色是自然現象，不需要太擔心，但如果想讓完成的蛋糕或麵包呈現更美麗的顏色，最好在變色之前就使用，只要磨過立刻使用就可以降低變色的機率。

讓鮮奶油產生泡沫

讓鮮奶油80％左右產生泡沫來使用是重點，如果完全都是泡沫，會因為太粗糙而難以塗抹在麵包上，糖衣（icing）就不會呈現光滑狀。戚風蛋糕和鮮奶油蛋糕的鮮奶油之所以會如此柔軟光滑，就是因為是在柔軟狀態下塗抹上去的關係。讓鮮奶油產生泡沫時，要使用剛從冰箱取出的冰冷狀態的奶油，如此一來才不會分離。

最好利用手動攪拌機在短時間內製造出泡沫，像夏天這種炎熱的天氣則可以在泡冰水的狀態下製造泡沫，唯有這樣才可以防止奶油分離的情況發生，也會添加砂糖和蘭姆讓其更美味。

製作基本糖漿

製作蛋糕或杯蛋糕時會使用，利用刷子塗抹烤好的蛋糕，就能夠讓麵包呈現光澤與甜味。製作的方法是有機砂糖50公克和水100公克加入鍋子裡，稍微煮過直到砂糖融化為止，糖漿只要呈現微稀即可，不需要煮到沸騰的程度，當砂糖完全融化時便可將火關掉。裝入密封的容器中，需要的時候倒出來使用，相當方便。

手持攪拌機使用方法

手持攪拌機在製作麵團、製作蛋白脆餅或讓鮮奶油產生泡沫時相當有用，手持攪拌機要和容器呈現直角狀態，不要讓材料彈出。同時不要只固定在同一個位置，要在容器中如同畫圓般移動，這樣材料就可以均勻攪拌。不過，倘若放太低的話，就會產生強烈的鐵的碰撞聲，所以要特別注意動作不需太大。

熟練烤箱的使用方法

家庭用烤箱有使用瓦斯的烤箱、電器烤箱、對流烤箱等各式各樣的種類，隨著烤箱的不同，熱的流動會有所差異，熟悉各自的使用方法相當重要。基本上，利用中間層烤、只放一層來烘烤是新手不會失敗的方法。電器烤箱一般來說上方與下方都有熱線（heat rays），有些瓦斯烤箱只有下方會發熱，所以下層的熱更強烈。這種時候，底部要放兩層烤箱盤使用，像蛋糕捲這種烤過的顏色不能太明顯的情況，也是要使用兩層烤箱盤。

在模上塗抹油

烤餅乾的烤箱盤或蛋糕模的內側要稍微塗抹油後再使用，塗層的模唯有塗抹上油，烘烤時才能順利取出。用布或廚房毛巾沾上油後輕輕地塗抹麵包模內側即可，使用奶油時利用刷子塗抹或用手塗抹，不過，戚風蛋糕的麵包模不需要使用油。

利用竹籤確認內部是否熟了

像蛋糕麵團這種較稀的麵團在烘烤過之後，要試著利用竹籤刺中間部分，如果竹籤沒有沾到任何東西的話，那就表示已經全都烤好了，如果竹籤沾到尚未熟的麵團，那就代表尚未完全烤好。

蛋糕‧餅乾完全冷卻

蛋糕或餅乾在烤箱中烤過後，要立刻取出讓它冷卻，以蛋糕來說，從模中取出放置冷卻，鋪上紙張烘烤時，不要硬將紙張撕下，要讓它保持該狀態直到冷卻為止。唯有完全冷卻後撕下紙張，才可以讓它在不受損的狀態中撕下。如果是餅乾在沒有完全冷卻的狀態下裝入容器的話，餅乾就會變潮濕，必須要在冷卻網上讓它冷卻才會變酥脆。

❝ 無論到世界各地哪一個城市，只要到當地的糕餅店逛逛，
我的雙手都會提著大包小包的麵包袋子，
因為好奇它的味道、也想一探究竟當中的內餡，
結果不自覺就買了一大堆。
其中，瑪芬(muffin)這種英式小鬆餅和杯蛋糕類光是外型就已經深深吸引住我了，
於是我便先開始嘗試製作不僅外型深具魅力、
也會顧慮到食用者健康的杯蛋糕。❞

瑪芬和杯蛋糕
muffin & cupcake

添加親自製作的藍莓內餡的

豆奶藍莓瑪芬

只要一到夏天就會盛產新鮮的藍莓，
一般家庭只要種植苗木，夏天就可以採收。
利用新鮮的藍莓親手製作藍莓內餡，如果難以取得的話，
則可以使用冷凍藍莓。

Time table ● 製作豆奶藍莓瑪芬的預期需要時間是1小時5分鐘。

材料準備　製作藍莓內餡　製作麵團　裝盤　烘烤　完成
10分鐘　　15分鐘　　15分鐘　5分鐘　20分鐘

Ingredients ●

*直徑6cm瑪芬 4個的份量
高筋麵粉　140g
粗全麥粉　80g
泡打粉　7g
天日鹽　2g
向日葵籽　60g
楓樹糖漿　150g
豆奶　180g
切碎的檸檬皮 1顆的份量
檸檬汁 1顆的份量

藍莓內餡

藍莓　90g
楓樹糖漿　20g
澱粉　5g
水　10g

How to make ●

1 製作藍莓內餡

將藍莓和楓樹糖漿倒進鍋子裡加熱1～2分鐘，將
澱粉混入水中，為了讓其融合在一起，稍微煮過
後關火讓其冷卻。

2 製作麵團

將麵粉、粗全麥粉、
泡打粉和鹽巴混入容
器中。

3

將向日葵籽、楓樹
糖漿、豆奶、檸檬汁、
切碎的檸檬皮倒進另
一個容器中，接著利
用攪拌器攪拌。

4

將②倒進③當中，
利用塑膠飯匙攪拌。

5 添加藍莓內餡

麵團完成的話，倒入
製作好的藍莓內餡，
利用飯匙輕輕攪拌
三、四次。

6 裝盤・烘烤

將麵團倒進杯子，只要
倒滿80%左右就好，在
預熱到180℃的烤箱中
烘烤20分鐘。

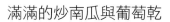

滿滿的炒南瓜與葡萄乾

冬南瓜瑪芬

瑪芬是一種添加許多砂糖的甜麵包，倘若想要降低糖度的話，
可以利用天然的甜味來取代砂糖的甜味，用龍舌蘭草蜜來取代砂糖，
如此一來便可以感受到與冬南瓜相當融洽的天然甜味。

Time table ● 製作冬南瓜瑪芬的預期需要時間是1小時。

材料準備　炒冬南瓜　製作麵團　裝盤　烘烤　完成
20分鐘　5分鐘　10分鐘　5分鐘　20分鐘

Ingredients ●

*直徑6cm瑪芬 4個的份量

高筋麵粉 175g

泡打粉 8g

桂皮粉 3g

肉豆蔻 2g

天日鹽 2g

煮過的冬南瓜 160g

橄欖油 40g

豆奶 125g

龍舌蘭草蜜 100g

水 45g

副材料

冬南瓜 1/4顆

食用油 些許

切碎的核桃 50g

葡萄乾 50g

蘭姆酒 10g

*葡萄乾要事前泡過蘭姆酒

裝飾用冬南瓜 些許

How to make ●

1 **炒冬南瓜**
將冬南瓜切碎，然後倒進灑有油的平底鍋裡炒。

2 **製作麵團**
將麵粉、泡打粉、桂皮粉、肉豆蔻和鹽巴混入容器中。

3 將炒過的南瓜倒進其他容器中，利用攪拌器壓碎，也可以利用攪拌機攪碎後再使用。

4 將橄欖油倒進③當中，接著依序加入豆奶、龍舌蘭草蜜混合攪拌，水則是依照麵團的狀態適量加入。

5 將②倒進④裡，利用攪拌器攪拌均勻。

6 在麵團中加入①的炒過的甜南瓜、核桃、泡過蘭姆酒的乾葡萄，利用飯匙輕輕攪拌。

7 **裝盤**
倒入杯子中，只要杯子80%滿就可以了。

8 **烘烤**
擺上切成薄片的南瓜，放進預熱為180℃的烤箱中烤20分鐘。

完整呈現蔬菜散發出來的甜蜜口感
甜椒瑪芬

倘若你以為擁有花花綠綠色彩的甜椒只能當作沙拉的配料，
那就請試著瞭解甜椒和麵包有多麼地搭，
可以感受到利用意想不到的材料打造新麵包時所帶來的喜悅。

Time table ● 製作甜椒瑪芬的預期需要時間是50分鐘。

材料準備　　製作麵團　　裝盤　　烘烤　　完成
15分鐘　　　10分鐘　　　5分鐘　　20分鐘

Ingredients ●

*直徑6cm瑪芬　4個的份量

純米粉　150g

泡打粉　8g

楓樹糖漿　45g

菜籽油　55g

豆奶　155g

天日鹽　2g

紅色甜椒　40g

黃色甜椒　40g

裝飾用甜椒　適量

How to make ●

1 製作麵團
將楓樹糖漿、豆奶、菜籽油和鹽巴倒進容器中，接著利用攪拌器攪拌。

2
將米粉、泡打粉混入其他容器中，倒進①中製作成麵團。

3 加入副材料
將甜椒切碎加入。

4 裝盤
利用飯匙均勻攪拌，接著用湯匙挖起來，裝入杯中，大約80%滿就可以了。

5 烘烤
擺上切碎的裝飾用甜椒，放進預熱為180℃的烤箱中烘烤20分鐘。

添加香蕉和麥麩製作成的褐色健康瑪芬

香蕉瑪芬

不需要經過發酵、過程不像蛋糕一樣複雜、新手也可以輕易挑戰的就是瑪芬，
添加有香蕉的瑪芬類是最值得推薦給新手的菜單，
香蕉的香味相當濃郁，就算不另外添加其他材料，也相當美味。
香蕉的美味和粗糙的麥麩也相當融洽。

Time table ● 製作香蕉瑪芬的預期需要時間是50分鐘。

材料準備　製作麵團　裝盤　烘烤　完成
15分鐘　10分鐘　5分鐘　20分鐘

Ingredients ●

*直徑6cm瑪芬　4個的份量
高筋麵粉　80g
麥麩　40g
小蘇打　5g
無鹽奶油(室溫)　65g
黑砂糖　55g
天日鹽　1g
雞蛋　1顆
絞碎的香蕉　125g
(大根的香蕉約1根)
切碎的核桃　30g

How to make ●

1 **製作麵團**
將奶油、黑砂糖和鹽巴加入容器中，利用手持攪拌機低速攪拌。

2 混入奶油和砂糖，變成像鮮奶油一樣時將雞蛋分兩次加入，持續利用攪拌機進行攪拌。

3 將香蕉碾碎加入，利用攪拌機攪拌。

4 將泡打粉和麥麩混入麵粉中，接著倒進③。

5 將切碎的核桃也倒進容器中，利用飯匙攪拌。

6 **裝盤．烘烤**
將紙瑪芬杯一一放入模中，再將麵團倒入瑪芬杯中，大約80％滿就可以了，接著放進以180℃預熱的烤箱中烘烤20分鐘。

添加高蛋白營養乳酪製作成的

乳酪捲瑪芬

由於瑪芬是一種經常當作小朋友們零食使用的菜單，最好可以維持營養均衡，
高蛋白乳酪是能夠提升瑪芬營養價值的代表性食材。
由於乳酪微鹹，降低鹽巴量使用無鹽奶油。

Time table ● 製作乳酪捲瑪芬的預期需要時間是50分鐘。

材料準備　　　　　製作麵團　　　裝盤　　　　　烘烤　　　　　完成
15分鐘　　　　　　10分鐘　　　　5分鐘　　　　20分鐘

Ingredients ●

*直徑6cm瑪芬 6個的份量

高筋麵粉 160g

泡打粉 5g

小蘇打 2g

有機砂糖 50g

牛奶 100g

天日鹽 1g

雞蛋 1顆

融化的無鹽奶油 70g

鼠尾草 1/2匙

*使用搗碎的蒔蘿
　或鼠尾草1小匙

起司捲 90g

How to make ●

1 **製作麵團**
將砂糖、奶油、鹽巴和雞蛋倒進容器中，把蒔蘿切碎加入。

2 利用攪拌器開始進行攪拌。

3 將泡打粉、蘇打粉混入麵粉中，然後倒進②中。

4 利用飯匙將所有材料攪拌均勻。

5 將奶油放進微波爐中融化，慢慢將奶油倒進容器中攪拌。

6 **混入副材料**
將乳酪捲混入當中。

5 **烘烤**
利用湯匙將麵團盛入瑪芬杯中，大約80%左右滿就可以了，接著放進以180℃預熱的烤箱20分鐘。

具有潤澤的蘋果與香濃的乳酪形成的融合
蘋果切達乳酪瑪芬

倘若想要在短時間內製作出點心的話，試著製作瑪芬吧！
只要冰箱裡有一顆蘋果、幾片美味的乳酪就可以製作了。
試著將剛烤好的瑪芬盛上盤子，然後和家人或朋友共同分享，
且享受愉快的下午茶時間。

Time table ● 製作蘋果切達乳酪瑪芬的預期需要時間是50分鐘。

材料準備	製作麵團	裝盤	烘烤	完成
15分鐘	10分鐘	5分鐘	20分鐘	

Ingredients ●

*直徑6cm瑪芬 6個的份量
高筋麵粉 120g
麥片 20g
泡打粉 4g
小蘇打 2g
無鹽奶油(室溫) 60g
楓糖 45g
天日鹽 1g
牛奶 90g
雞蛋 1顆
大顆蘋果 1/2顆
切碎的切達乳酪 50g

How to make ●

1　製作麵團
將放置在常溫下變柔軟的奶油、楓糖和鹽巴倒進容器中，然後用攪拌器均勻攪拌。

2 將雞蛋倒進①，利用攪拌器攪拌。

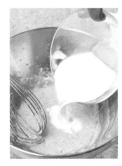

3 加入牛奶繼續攪拌。

4 將麥片、泡打粉、小蘇打混入麵粉中，然後倒進③攪拌。

5　加入副材料
將蘋果和切達乳酪切碎倒進④當中。

6 利用飯匙輕輕攪拌。

7　烘烤
用湯匙將麵團裝入瑪芬杯中，大約80%左右就可以了，接著放進以180℃預熱的烤箱中烤20分鐘。

只要是乾水果，全都沒問題
蔓越莓瑪芬

一種麵團可以進行多種方式運用的瑪芬配方，
也可以利用葡萄乾、櫻桃乾、藍莓乾等各種副材料代替蔓越莓來運用。
蔓越莓或藍莓等紅色水果含有豐富具抗酸化的多酚成份，屬於健康食品。

Time table ● 製作蔓越莓瑪芬的預期需要時間是50分鐘。

材料準備
15分鐘
製作麵團
10分鐘
裝盤
5分鐘
烘烤
20分鐘
完成

Ingredients ●

*直徑6cm瑪芬 6個的份量
高筋麵粉 160g
泡打粉 4g
小蘇打 2g
豆奶 30g
無鹽奶油(室溫) 45g
天日鹽 1g
楓糖 75g
雞蛋 1顆
切碎的檸檬皮 1/2顆
蔓越莓乾 75g

How to make ●

1 將奶油、楓糖、鹽巴和切碎的檸檬皮倒進容器中。

2 利用手持攪拌機以低速攪拌。

3 攪拌到如同鮮奶油一樣柔軟的時候,將雞蛋倒入,利用手持攪拌機攪拌後,接著加入牛奶進行攪拌。

4 將小蘇打和泡打粉混入麵粉中,然後倒入③當中。

5 利用飯匙攪拌到均勻為止。

6 **混入副材料**
混入蔓越莓乾。

7 **裝盤・烘烤**
用湯匙將麵團裝入瑪芬杯中,大約80%左右就可以了,接著放進以180℃預熱的烤箱中烤20分鐘。

降低甜味，讓口感更加柔和的
鮮奶油杯蛋糕4種

利用華麗的設計與甜美的口感來吸引視線的杯蛋糕，
不過，一般人總是會先擔心卡路里，要不要試著稍微降低甜度、提升健康度，
放心地陷入誘惑當中呢？試著利用不會甜的鮮奶油製作四種杯蛋糕。

製作基本杯蛋糕

Time table ● 製作基本杯蛋糕的預期需要時間是55分鐘。

材料準備　　製作麵團　　裝盤　　　　烘烤　　　　　完成
10分鐘　　　10分鐘　　　5分鐘　　　20～25分鐘

Ingredients ●

*直徑6cm杯蛋糕
　3～4個的份量
無鹽奶油(室溫) 60g
有機砂糖 80g
雞蛋 1顆
天日鹽 2g
牛奶 60g
高筋麵粉 100g
泡打粉 5g

How to make ●

1 讓奶油軟化
將奶油和砂糖加入容器中,利用攪拌器攪拌。

2 加入鹽巴攪拌。

3 攪拌雞蛋
混入雞蛋,麵團量多的時候就調整雞蛋量,一次加入一顆雞蛋。

4 均勻攪拌
攪拌3～4分鐘,直到出現細微的泡沫為止。

5 混入奶油
利用攪拌器持續攪拌,慢慢地將一半的牛奶倒進去,冬天時由於奶油較冷,所以較難均勻混合,最好將牛奶煮熱後再加入。

6 製作麵團
將麵粉和泡打粉混入容器中,接著倒進⑤當中。

7 繼續攪拌
利用攪拌器均勻攪拌,接著將剩下的牛奶倒入攪拌。

8 裝盤・烘烤
用湯匙將麵團裝入杯中,大約70%左右就可以了,接著放進以170℃預熱的烤箱中烤20～25分鐘。

Baking tip ●

製作基本糖漿
事先準備好要使用在杯蛋糕的糖漿要和基本麵團,將有機砂糖50公克和水100公克倒進鍋子煮,直到砂糖融化後再關火,冷卻後裝入容器中使用。

草莓杯蛋糕 Time table ● 製作草莓杯蛋糕的預期需要時間是1小時40分鐘。

材料準備10分鐘　　製作麵團15分鐘　　裝盤5分鐘　　烘烤20～25分鐘

冷卻30分鐘　　　　　　　　　　成形15分鐘　　完成

Ingredients ●

*基本杯蛋糕麵團
　3~4個的份量
草莓　75g
有機砂糖　15g
檸檬汁　5g
基本糖漿　適量

鮮奶油
鮮奶油　150g
有機砂糖　10g
橙酒(cointreau)　5g

How to make ●

1 準備
將草莓裝入容器中，混入砂糖和檸檬汁，製作基本麵團放進烤箱中烤，鮮奶油則是加入砂糖和橙酒，攪拌出泡沫，讓泡沫大約有70～80％左右滿就可以了。

2 取出杯蛋糕‧塗抹糖漿
將烤過冷卻的杯蛋糕上方挖出圓錐形，然後塗滿糖漿。

2 填滿內部
將調理好的草莓切一半，和鮮奶油一起放在蛋糕上方。

4
在用刀切下的蛋糕表面塗抹鮮奶油，然後翻面覆蓋上。

5 塗抹糖漿
塗抹上滿滿的糖漿。

6 糖霜
利用抹刀將鮮奶油盛上，接著利用擠花袋中的鮮奶裝飾外觀，將要放置草莓的位置周圍以環狀的方式淋上鮮奶油。

7 裝飾
將剩下的草莓放上去，然後另外加上芳草當作裝飾。

紅茶杯蛋糕

Time table ● 製作紅茶杯蛋糕的預期需要時間是1小時10分鐘。

材料準備10分鐘　製作麵團15分鐘　裝盤5分鐘　烘烤20～25分鐘

冷卻30分鐘　成形15分鐘　完成

Ingredients ●

*基本杯蛋糕麵團
　3~4個的份量

紅茶(格雷伯爵茶Earl Grey)
粉末狀　4g
牛奶　20g
基本糖漿　適量
糖粉　些許

鮮奶油
鮮奶油　150g
有機砂糖　10g
橙蘭姆酒　5g

蘋果餡
煮過的蘋果　1/2顆
有機砂糖　25g
水　5g
蘭姆酒　些許

How to make ●

1 烘烤杯蛋糕

將紅茶和些許的牛奶混入基本麵團中，裝滿杯子後進行烘烤，鮮奶油要加入砂糖和蘭姆，大約70～80%左右冒出泡沫即可。

2 料理蘋果

將砂糖和水倒進鍋子煮，整體呈現均勻褐色時，加入切碎的蘋果，倒進些許的蘭姆調味。

3 塗抹糖漿

將①的蛋糕上方挖出圓錐狀，在裡面塗抹滿滿的糖漿。

4 填補內部

淋上鮮奶油，擺上料理過的蘋果，將挖出來的麵包塗抹上鮮奶油，然後反過來覆蓋上，在上面塗滿糖漿。

5 糖霜

利用抹刀盛上鮮奶油，然後讓它呈現圓形，擺上蘋果裝飾。

6 最後階段

撒上糖粉。

提拉米蘇杯蛋糕

Time table ● 製作提拉米蘇杯蛋糕的預期需要時間是1小時40分鐘。

材料準備10分鐘　製作麵團15分鐘　裝盤5分鐘　烘烤20～25分鐘

冷卻30分鐘　　　　　　　成形15分鐘　　完成

Ingredients ●

*基本杯蛋糕麵團
　3~4個的份量
即溶咖啡　5g
咖啡甜酒　5g

糖漿
基本糖漿　100g
即溶咖啡　5g

馬斯卡澎鮮奶油
(Mascarpone cream)
馬斯卡澎乳酪　50g
有機砂糖　7g
杏仁　7g
鮮奶油　80g
可可亞粉　適量

How to make ●

1 烘烤杯蛋糕
將即溶咖啡倒進咖啡
甜酒中讓其融化，混
入基本麵團後，裝滿
紙杯後進行烘烤。

2 製作奶油
將馬斯卡澎乳酪倒進
容器中，利用攪拌器
輕盈攪拌後，混入砂
糖和杏仁。

3 鮮奶油攪拌出泡沫
後，混入②當中。

4 在杯蛋糕表面橫切
一刀。

5 塗抹糖漿
將即溶咖啡倒進基本
糖漿讓其融化，接著
塗滿麵包表層，糖漿
稍微熱過融化的話，
就會更加入口即化。

6 塗抹奶油
將③的馬斯卡澎鮮奶
油放在⑤，利用抹刀
讓它呈現自然的外型。

7 裝飾
均勻撒上可可亞粉。

柚子杯蛋糕

Time table ● 製作柚子杯蛋糕的預期需要時間是1小時40分鐘。

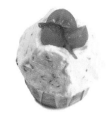

材料準備10分鐘　　製作麵團15分鐘　　裝盤5分鐘　　烘烤20～25分鐘

冷卻30分鐘　　　　　　　　　　成形15分鐘　　完成

Ingredients ●

*基本杯蛋糕麵團
　3~4個的份量
醃漬過的柚子 50g
基本糖漿 適量
金桔罐頭 適量

柚子奶油

鮮奶油 200g
醃漬過的柚子 50g
龍舌蘭草蜜 10g

How to make ●

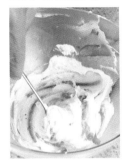

1 製作麵團
將醃漬過的柚子混入基本麵團中。

2 烘烤
將麵團倒入杯中大約七分滿即可，接著進行烘烤。

3 將柚子切碎
製作奶油前，先將柚子均勻切碎。

4 製作柚子奶油
鮮奶油有70%左右產生泡沫後，混入柚子與龍舌蘭草蜜。

5 將麵包表層切下
橫切杯蛋糕表層，然後塗滿基本糖漿。

6 放置奶油
盛上奶油，製作出尖銳的形狀。

7 裝飾
放上金桔裝飾。

完全健康的美味！

豆腐奶油馬鈴薯杯蛋糕

隱藏著某種特點的杯蛋糕！覆蓋在上方的並非白奶油、鮮奶油，
而是利用豆腐製作成的奶油，杯蛋糕的麵包中添加了馬鈴薯。
在亮眼的華麗中添加上豆子和馬鈴薯的營養來提升其價值。

Time table ● 製作豆腐奶油馬鈴薯杯蛋糕的預期需要時間是1小時40分鐘。

材料準備20分鐘　　　　　　製作麵團10分鐘　裝盤5分鐘　　　　烘烤20分鐘

冷卻30分鐘　　　　　　　　塗抹糖漿5分鐘　　成形10分鐘　　完成

Ingredients ●

*直徑6cm杯蛋糕
 4個的份量
高筋麵粉 100g
馬鈴薯澱粉 40g
泡打粉 5g
煮過的碎馬鈴薯 65g
楓糖 50g
天日鹽 1g
雞蛋 1顆
牛奶 60g
融化的無鹽奶油 60g
切碎的切達乳酪 25g
百里香 1/2小匙

副材料

豆腐奶油(參考44頁) 300g
基本糖漿 適量

How to make ●

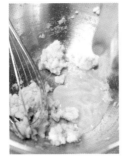

1 製作麵團
將煮過的馬鈴薯、楓糖和鹽巴全部加入容器中，利用攪拌器壓碎攪拌，一邊加入雞蛋，同時讓它稍微出現一些泡沫。

2 將牛奶倒進①中的麵糰攪拌。

3 將麵粉、馬鈴薯澱粉和泡打粉混合倒進②中，接著加入切達乳酪。

4 利用飯匙均勻攪拌後，混入些許的切達乳酪。

5 裝盤・烘烤
麵團均勻攪拌的話，混入葉片切碎的百里香，將鬆餅杯填滿，放進以170℃預熱的烤箱中烤20分鐘。

6 塗抹糖漿
全都烤好的話，取出放置冷卻，將上方挖成斗笠狀，接著塗滿糖漿。

7 將挖出的斗笠抹上豆腐奶油，顛倒過來蓋上，在上面再次塗抹糖漿。

8 利用豆腐奶油裝飾
利用豆腐奶油覆蓋表層，將奶油裝入擠花袋，然後擠出圓圈狀，在中間插上一塊百里香當作裝飾。

擺上新鮮水果，讓健康更上一層的麵包

巧克力豆腐奶油
香蕉杯蛋糕

隨著杯蛋糕的人氣增加，擺飾櫃中的杯蛋糕的顏色與裝飾就變得更加華麗，
於是我便思考是否可以將杯蛋糕變得更加親近大自然，
便利用平常容易取得的水果和巧克力豆腐奶油製作出美味的杯蛋糕。

材料準備20分鐘　　製作麵團10分鐘　裝盤5分鐘　　烘烤20分鐘

冷卻30分鐘　　　　塗抹糖漿5分鐘　　成形10分鐘　　完成

Ingredients ●

*直徑6cm杯蛋糕
4個的份量

高筋麵粉　100g

小蘇打　2g

無鹽奶油(常溫)　65g

黑砂糖　100g

天日鹽　1g

雞蛋　1顆

搗碎的香蕉　130g

(大香蕉1根左右)

副材料

巧克力豆腐奶油

(參考51頁)　300g

香蕉　1根

柳丁　1/2顆

開心果　些許

基本糖漿　適量

How to make ●

1 **製作麵團**
將奶油、黑砂糖、鹽巴倒進容器中，利用手持攪拌機攪拌到如同奶油後，加入雞蛋且持續攪拌。

2 將香蕉壓碎後加入麵糰，利用手持攪拌機均勻攪拌。

3 將小蘇打混入全麥麵粉中，接著加入②裡，利用飯匙攪拌。

4 **烘烤**
將麵團裝入杯中，大約80%滿即可，接著放進以180℃預熱的烤箱中烤20分鐘。

5 **塗抹糖漿**
全都烤好的時候，取出放置冷卻，將上方挖成斗笠狀，接著塗滿糖漿。

6 將斗笠狀麵包塗抹上巧克力豆腐奶油，然後顛倒覆蓋在杯蛋糕上。

7 **塗抹奶油**
表層再次塗抹糖漿，接著覆蓋上巧克力豆腐奶油。

8 **裝飾**
將去皮的柳丁與香蕉放上去裝飾，然後撒上些搗碎的開心果。

66 利用豆奶、豆腐、米粉、天然糖漿等
取代製作蛋糕時不可或缺的奶油、白砂糖與麵粉，
利用豆腐奶油代替鮮奶油，對於無法喝牛奶的人來說，
這將會是一項相當愉快的消息。
雖然特別利用對身體有益處的材料製作了蛋糕，
但是依然保存著甜蜜和入口即化的口感。 99

健康蛋糕
well-being cake

豆腐奶油草莓蛋糕

栗子巧克力蛋糕

水果捲蛋糕

綠茶豆腐奶油捲蛋糕

豆奶戚風蛋糕

綠茶戚風蛋糕

巧克力大理石戚風蛋糕

覆盆子戚風蛋糕

豆腐乳酪蛋糕

金桔塔

蘋果塔

松子塔

豆腐奶油草莓塔

布朗尼

紅蘿蔔蛋糕

甜菜蛋糕

蘋果蛋糕

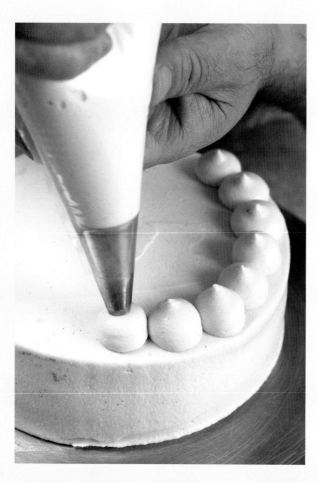

為了素食主義者所準備的
蛋糕相關基本條件

製作豆腐奶油

倘若是不吃乳製品的素食主義者或對乳製品會產生過敏的人，
蛋糕就如同是只能遠觀而不能褻玩焉的美食而已，
不過，現在已經有可以盡情享受蛋糕的方法了。
那就是利用豆腐製作成奶油，由於只使用純植物性材料，
所以可以安心地享用，豆腐香濃的口感可以帶來不同於鮮奶油的魅力。
因為一點都不甜，是製作口感清淡蛋糕的基本條件，
嘗試製作豆腐奶油，製作好可以冷藏保存三天左右。

Ingredients ●

豆腐 800g

水 200g

龍舌蘭草蜜 80g

澱粉糖漿 50g

天日鹽 2g

香草豆 1/4個

寒天粉（Agar Powder） 5g

菜籽油 30g

檸檬汁 1顆的份量

切碎的檸檬皮 1顆的份量

How to make ●

1 煮豆腐
將豆腐裝入鍋子，倒入水以小火煮10～15分鐘。

2 去除水氣
取出①的豆腐，在篩網鋪上布用重物壓，藉此去除水氣。

3 煮糖漿
將水、龍舌蘭草蜜和澱粉糖漿倒入其他鍋子裡，加入去除籽的香草豆一起煮。

4 添加寒天粉
將③的糖漿煮沸，撈起香草豆的皮，加入寒天粉，接著混入菜籽油。

5 壓碎豆腐
將已去除水分的豆腐裝入食物處理器中，加入檸檬汁和切碎的檸檬皮一起壓碎。

Time table ● 製作豆腐奶油的預期需要時間是4小時30分鐘。

材料準備15分鐘　　　煮豆腐10～15分鐘　　　製作糖漿15分鐘　　　去除水分20分鐘

攪拌10分鐘　　　　　　　　冷藏2～3小時　　　　　製作奶油15分鐘　　完成

6 加入糖漿
將④倒進⑤當中，持續均勻搗碎。

7 凝固
覆蓋上保鮮膜，放在冰箱中讓它冷藏2～3小時直到凝固。

8 將豆腐奶油搗碎
待⑦凝固後，取出倒入食物處理器中。

9 均勻搗碎讓它變成柔軟的奶油，可以存放在冰箱冷藏3天左右。

沒有使用乳製品製作成的

豆腐奶油草莓蛋糕

使用以豆腐取代白色鮮奶油製作成的豆腐奶油製作草莓蛋糕，
和鮮奶油一樣可以製作糖霜，味道也很香濃。
海綿蛋糕同樣也是以豆奶取代牛奶製作成的，相當特別。

Ingredients ●

*直徑18cm圓形模組
  1個的份量

粗全麥粉 70g

高筋麵粉 100g

天日鹽 8g

豆奶 160g

龍舌蘭草蜜 100g

柳橙汁 1/2顆的份量

柳橙果醬 8g

菜籽油 50g

香草精 5滴

副材料

草莓 25顆

豆腐奶油(參考44頁) 800g

草莓醬 50g

鏡面果膠(Nappage) 適量

*也可以利用黃梅醬
  (Apricot jam)30g
  和水15g代替鏡面果膠

How to make ●

1 **製作海綿蛋糕麵團**
將粗全麥粉、麵粉、
泡打粉和鹽巴混入容
器中。

2 接著將豆奶、龍舌蘭草蜜、柳橙汁、菜籽油、
均勻搗碎的柳橙果醬和香草精加在另一個容器當
中。

3 利用攪拌器攪拌②，
然後倒進①當中，也可
以倒進攪拌機中搗碎後
再加入。

4 利用攪拌器攪拌，
均勻攪拌直到沒有塊
狀為止。

5 **鋪上烤盤紙**
將蛋糕的底部和側面
鋪上烤盤紙。

6 **倒入麵團**
將麵團全都倒入模中。

7 利用竹籤從中間開
始到外側畫螺旋狀，
讓麵團不呈現塊狀，
然後刺出一定程度的
氣孔。

Time table ● 製作豆腐奶油草莓蛋糕的預期需要時間是2小時10分鐘。

材料準備20分鐘　　　製作麵團10分鐘　　　烘烤30分鐘

8 **烘烤**

放進以175℃預熱的烤箱中烤30分鐘，從模中取出，烤盤紙不要撕下，放在冷卻網上讓它充分冷卻。

9 海綿蛋糕完全冷卻時，將底下與側面的烤盤紙撕下。

10 **將海綿蛋糕切開**

用刀將上方切開，將海綿蛋糕切成兩部分。

11 **塗抹奶油**

利用抹刀將草莓醬塗抹在下層，上面則塗抹豆腐奶油。

Baking tip ●

切海綿蛋糕時

將海綿蛋糕切成兩部份或三部份的時候，要切成一定程度的厚度並不容易，將2個1公分厚度的木棍放在海綿蛋糕的兩邊，只要依照其高度來切就會比較容易一點。也可以將想要切的部分插上牙籤，然後從牙籤上方進行切割。

12 將草莓切半擺設上去。

13 利用豆腐奶油輕輕地覆蓋在草莓上。

14 製作麵團
將海綿蛋糕上層翻過
來覆蓋上，這樣表層
才會均勻。

15 在上面再次塗抹
糖漿，接著塗抹豆腐
奶油，側面也塗抹豆
腐奶油。

17 將豆腐奶油裝入
擠花袋，從邊緣部分
開始一一擠出水滴狀
的奶油。

16 利用抹刀將剩餘的奶油塗抹整齊。

18 利用草莓裝飾
將草莓擺設在中間，
從中間開始依序擺上
草莓。

19 將鏡面果膠裝入
擠花袋中，然後一點
一點地淋在草莓上，
將鏡面果膠自然地淋
在草莓上，讓它散發
光澤與維持新鮮。

20 最後放上薄荷。

利用豆腐奶油製作的

栗子巧克力蛋糕

將可可亞粉混入豆腐奶油中的話，就可以製作沒有添加乳製品的巧克力奶油，
加入豆奶可以讓烤過的巧克力海綿蛋糕散發獨特的口味，
連內皮也可以食用的栗子則提升了其營養價值。

Ingredients ●

巧克力海綿蛋糕

粗全麥粉 40g
高筋麵粉 50g
泡打粉 4g
小蘇打 4g
可可亞粉 20g
天日鹽 些許
菜籽油 50g
楓樹糖漿 120g
柳橙果醬 8g
柳橙汁 1/2顆的份量
豆奶 150g
香草精 3~4滴

巧克力豆腐奶油

可可亞粉 20g
龍舌蘭草蜜 55g
香草精 3~4滴
豆腐奶油(參考44頁) 450g

裝飾

栗子 250g
食用金粉 些許

巧克力奶油

可可亞粉 16g
龍舌蘭草蜜 47g

How to make ●

1 **製作巧克力海綿蛋糕**
將粗全麥粉、麵粉、可可亞粉、泡打粉、小蘇打和鹽巴加入容器中。

2 利用手均勻攪拌。

3 將豆奶、柳橙汁、楓樹糖漿、菜籽油、柳橙果醬、香草精倒入攪拌機當中，讓它均勻混合。

4 將③倒進②當中。

5 **攪拌**
利用攪拌器均勻攪拌。

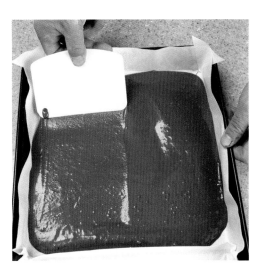

6 在四方模中鋪上紙，倒進麵團，利用抹刀將麵團均勻攤開。

7 放進以200℃預熱的烤箱中烤10分鐘。

Time table ● 製作栗子巧克力蛋糕的預期需要時間是1小時50分鐘。

材料準備30分鐘　　　製作海綿蛋糕麵團　烘烤海綿蛋糕
　　　　　　　　　　　　　10分鐘　　　　10分鐘

8 **製作巧克力豆腐奶油**
將可可亞粉、楓樹糖漿、香草精倒進容器中。

9 利用攪拌器攪拌。

10 將豆腐奶油倒進⑨當中，利用攪拌器攪拌。

11 將豆腐奶油和巧克力奶油混在一起，充分攪拌到成為一種顏色為止，製作成巧克力豆腐奶油。

12 **切海綿蛋糕**
步驟⑦的巧克力海綿蛋糕完全冷卻後，撕下紙張。

13 切成相同大小的四等份。

14 **製作蛋糕**
鋪上一層海綿蛋糕，塗上薄薄的巧克力豆腐奶油。

15 將栗子分成四等份放在每一處，然後稍微抹上一些巧克力豆腐奶油。

冷卻30分鐘　　　　製作巧克力豆腐奶油10分鐘　　　糖霜20分鐘　　　完成

16 蓋上一片海綿蛋
糕，利用相同的方法
來疊層。

17 放上第四片海綿
蛋糕，在上面塗抹巧
克力豆腐奶油。

18 進行修飾
將四個邊進行修飾。

19 裝飾蛋糕
擺上栗子，將巧克力奶油裝入擠花袋，然後每隔
一個栗子擠上一個巧克力奶油。

20 將龍舌蘭草蜜和
可可亞粉混在一起裝
入擠花袋，淋在栗子
和奶油之間。

21 在栗子上方撒上食用金粉。

Baking tip ●

蛋糕在製作完成的隔天更美味
每一層加入奶油和副材料的蛋糕在製作好的隔
天，材料的位置要固定後才會趨於穩定，修飾
邊緣或將蛋糕切塊時，不要立刻就切，先放進
冰箱3～4小時再切會比較方便切。製作好大約
經過半天左右，蛋糕就會變得較有潤澤，口感
也會更棒。

利用豆奶海綿蛋糕和豆腐奶油的

水果捲蛋糕

加入麵團的柳橙汁、柳橙果醬和香草精可以消除雜味，同時讓味道更佳，
麵包加入豆奶和豆腐的話，稍有不慎可能會產生腥味，
因此利用柳橙和香草來消除該味道。

材料準備20分鐘　　製作麵團10分鐘　裝盤5分鐘　　烘烤20分鐘

冷卻30分鐘　　　　　　　　　製作成捲狀15分鐘　完成

Ingredients ●

*30x40cm四方模
　1個的份量

海綿蛋糕

高筋麵粉 150g

粗全麥粉 80g

泡打粉 12g

天日鹽 2g

菜籽油 60g

豆奶 200g

楓糖 150g

柳橙汁 1顆的份量

切碎的柳橙皮 1顆的份量

香草精 3~4滴

副材料

覆盆子醬 80g

豆腐奶油(參考44頁) 600g

柳橙、奇異果、草莓 適量

糖粉 適量

How to make ●

1 將液體混合

將豆奶、楓糖、柳橙汁、切碎的柳橙皮、香草精、菜籽油倒入攪拌機中，均勻攪拌到出現白色泡沫為止即可。

2 製作麵團

將麵粉、粗全麥粉、鹽巴和泡打粉混入容器中，接著倒進①中利用攪拌器均勻攪拌直到沒有塊狀體為止。

3 裝盤・烘烤

在四方模中鋪上紙張，接著倒入麵團，利用抹刀將它均勻鋪平，接著放進預熱到200℃的烤箱烤10分鐘，然後取出放置讓它冷卻。

4 塗抹果醬

完全冷卻之後就撕下紙張，翻面抹上覆盆子醬，由於撕下紙張的那一面很平滑，所以要讓它朝上。

5 塗抹奶油

將豆腐奶油均勻塗抹在④。

6 擺上水果

將柳橙、草莓、奇異果等想要的水果切過且擺上，接著再塗抹豆腐奶油。

7 製作成捲狀

拉起紙張就像捲壽司一樣捲起來。

8

利用紙張包覆，讓內餡的材料定位後，只要放在冰箱裡3~4小時，就能確實讓內餡定位。

9 裝飾

撕下紙張，將寬度約1公分的紙張斜放且維持一定的間隔，撒上糖粉後再輕輕地取下紙張。

完全沒有添加乳製品的清爽口感
綠茶豆腐奶油捲蛋糕

無法順利消化牛奶的人也可以安心享用的蛋糕，
將豆奶加入麵團中，捲蛋糕的奶油是利用豆腐製作成的，
添加綠茶粉讓它散發一股淡淡的綠茶香，香甜的紅豆和綠茶相當搭配。

Ingredients ●

高筋麵粉 150g

粗全麥粉 70g

綠茶粉 10g

泡打粉 12g

菜籽油 60g

龍舌蘭草蜜 150g

切碎的檸檬皮 1顆的份量

檸檬汁 1顆的份量

天日鹽 2g

豆奶 200g

香草精 3~4滴

副材料

豆腐奶油(參考44頁) 500g

紅豆 150g

基本糖漿 適量

檸檬

檸檬含有豐富的維他命C和檸檬酸，有助於恢復疲勞與提升免疫力，糕點類的食品經常使用，即使用少量也對味道有相當大的作用。因為它獨特的強烈酸味可以去除腥味與雜味，並同時賦予香味。特別是加入豆奶或豆腐等豆類時，它可以有效地去除豆子的腥味，也會用刨刀將檸檬的黃色外皮削下來加入，或者是切一半擠出檸檬汁來使用。使用前利用粗鹽搓揉過後用水沖洗。

材料準備15分鐘　　　　製作麵團10分鐘　　裝盤5分鐘　　　　烘烤10分鐘

1 利用刨刀削下檸檬外皮，將檸檬切一半擠出檸檬汁。

2 **製作麵團**
將龍舌蘭草蜜、菜籽油、步驟①的檸檬汁和切碎的檸檬外皮、豆奶、鹽巴和香草精倒進容器中，接著利用攪拌器攪拌。

3 將麵粉、粗全麥粉和綠茶粉、泡打粉全部倒進另一個容器中攪拌。

4 將③倒進②，利用攪拌器均勻攪拌直到沒有塊狀物為止。

5 **裝盤**
為了不讓底部燒焦，要使用兩層四方模，然後鋪上紙張，接著倒上④。

6 **烘烤**
利用抹刀將麵團均勻攤平，放進預熱為200℃的烤箱中烤10分鐘。

Baking tip ●

利用攪拌機製作麵團
製作蛋糕麵團時，要先混入液體，接著則是粉末，混合液體時只要利用家庭用攪拌機就可以輕易進行。將糖漿類、油、豆奶、牛奶、水、檸檬汁、果汁等液體材料全都加入攪拌機中進行攪拌，接著混入粉末，利用攪拌機就可將顆粒攪碎，使麵團變得更加均勻。

冷卻30分鐘　　　　　　　　　　　製作成捲狀15分鐘　　　完成

7 塗抹糖漿
取出放置冷卻，撕下紙張且塗抹糖漿。

8 塗抹奶油
利用抹刀塗抹豆腐奶油。

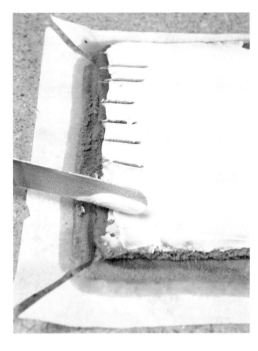

9 利用抹刀稍微切邊緣的部分，邊緣的部分就會因為乾燥而不輕易裂開。

10 均勻撒上紅豆。

11 將蛋糕捲成捲狀
利用底部的紙張如同捲壽司一樣捲起來。

12 利用紙張包覆後用手修飾形狀，放在冰箱3～4小時後，取出切成想要的大小。

Baking tip ●

寬的捲蛋糕在冷卻後撕下紙張
讓撕下紙張的那一面朝下，然後塗抹糖漿和奶油，如此一來撕下紙張的那一邊就是朝外的那一面，捲起來的時候就會顯得較均勻與平滑。另外，由於烘烤時會直接受熱，上面會更加結實，捲起來的時候唯有讓撕下紙張的那一面朝外，蛋糕才會變得更具彈性。

入口即化的柔軟蛋糕
豆奶戚風蛋糕

沒有添加泡打粉，利用蛋白的力量膨脹的蛋糕，
形成白色泡沫的蛋白是營造出柔軟且柔和口感的一大功臣。

Ingredients ●

*直徑17cm的戚風蛋糕模 1個的份量

蛋黃 5個

有機砂糖 30g

菜籽油 30g

豆奶 50g

高筋麵粉 70g

澱粉 10g

蛋白霜

蛋白 5個

有機砂糖 40g

戚風蛋糕模

戚風蛋糕模和一般蛋糕模的形狀
不同，中間有一根柱狀體，底部
和側面是分離的，蛋糕烤好時的
取出方式不同於一般蛋糕，要用
刀刮側面才可讓它從模中取出。
中間的柱狀體是為了讓蛋糕冷卻
翻面時使用，讓蛋糕輪流翻面冷卻的話，就可以防止
蛋糕凹陷的情況發生。

Time table ● 製作豆奶戚風蛋糕的預期需要時間是1小時45分鐘。

準備材料15分鐘　　製作麵團10分鐘　　攪拌蛋白脆餅10分鐘　　裝盤5分鐘

How to make ●

1 **攪拌蛋黃**
將砂糖和蛋黃倒入容
器中,接著利用攪拌
器攪拌,蛋黃要事先
攪拌好才不會凝結。

2 將菜籽油加入①,
利用攪拌器攪拌後,
再將豆奶分兩次倒入
攪拌。

3 **加入粉末**
將麵粉和澱粉加入其
他容器中攪拌,接著
加入②中均勻攪拌。

4 **製作蛋白霜**
將1/3的砂糖加入蛋白中,然後攪拌出泡沫,剛
開始用力一點攪拌,加入些許砂糖的理由是為了
讓泡沫的狀態更穩定。

5 泡沫達到70%左右
時,將速度降低為中
等速度,加入些許的
砂糖製造出泡沫。

6 砂糖全都加入後,再次用力攪拌,接著降低速
度以低速攪拌。用低速攪拌的話,氣孔會變得稠
密且更穩定,最後便完成蛋白霜。

7 **蛋白霜和麵團一起
攪拌**
盛起1/3的蛋白霜加入
③的麵團中,接著利
用攪拌器攪拌。

烘烤30分鐘　　　　　　　　　　　　　　完成

8 白色的蛋白霜和黃色的麵團混在一起變成一種顏色時，加入剩餘的蛋白霜攪拌。

9 將剩餘的蛋白霜全都加入後，確實地進行攪拌。

10 **裝盤**
噴灑一些水將戚風蛋糕模弄濕，接著倒入麵團。

11 **烘烤**
放進以170℃預熱的烤箱中烤30分鐘。

12 **翻面冷卻**
全都烤好後，取出翻面讓其冷卻，唯有這樣，蛋糕冷卻的同時才不會凹陷。

13 **從模中取出**
蛋糕冷卻後，用薄刀從側面取出。

14 從上方拉起取出。

15 下面和柱子側，同樣也是用刀刮過後再從模中取出。

Baking tip ●

安定地進行裝盤
將麵團倒入模中，利用塑膠飯匙或竹籤在麵團如同畫圓般轉動的話，就會產生一定程度的氣孔，讓麵團趨於穩定。烤一般蛋糕的時候同樣也是利用這種方法。

不會太甜的簡易蛋糕
綠茶戚風蛋糕

不會太甜，口感鬆軟的戚風蛋糕一直都深受歡迎，
只要切一塊就足以讓兩、三個人一起享用，份量相當足夠。
試著加入抹茶用綠茶粉，製作瀰漫著一股綠茶香的簡易蛋糕。

Ingredients ●

蛋黃 5個

有機砂糖 30g

菜籽油 30g

豆奶 50g

高筋麵粉 65g

澱粉 10g

綠茶粉 5g

蛋白霜

蛋白 5個

有機砂糖 45g

How to make ●

1 **製作麵團**
將蛋黃加入容器中，
利用攪拌器攪拌。

2 加入砂糖，攪拌到
砂糖融化為止。

3 依序加入菜籽油和
豆奶進行攪拌。

5 將④的粉末加入③
當中，利用攪拌器攪
拌。

Baking tip ●

將蛋白霜混入麵團時

戚風蛋糕是利用蛋白霜的力量膨脹而成
的蛋糕，努力製作好的蛋白霜加入麵團
時，倘若全都沉澱的話，最後蛋糕也會
難逃凹陷的命運。加入蛋白霜時，要分
成三等份加入，攪拌的時候要將攪拌器
下壓，如同從下往上攪拌麵團一樣。太
用力攪拌的話，泡沫可能全都會消失，
所以千萬要注意。當攪拌器下壓進行攪
拌，攪拌的同時碗也一起轉的話，就可
以攪拌均勻。

4 將澱粉和綠茶粉加入麵粉中，接著利用手攪
拌。

Time table ● 製作綠茶戚風蛋糕的預期需要時間是1小時15分鐘。

準備材料15分鐘　　　　　　製作麵團10分鐘　　　混入蛋白霜10分鐘

裝盤5分鐘　　　　　　　　　烘烤35分鐘　　　　　　完成

How to make ●

6 充分攪拌到顏色變
成白色為止。

7 **製作蛋白霜**
將蛋白加入其他容器
中，利用手持攪拌機
製作出泡沫，泡沫上
升的話，加入1/2份
量的砂糖，然後持續
攪拌。

8 倒入剩餘的砂糖，
製作紮實的蛋白霜。
（蛋白霜的製作參考
下一頁）

9 **混入蛋白霜**
將1/3的蛋白霜倒入
⑥當中，利用攪拌器
攪拌。

10 完全混合後，再
倒入1/3攪拌。

11 全都攪拌過，當蛋白霜和麵團變成同一種顏
色後，加入剩餘的蛋白霜，然後均勻攪拌。

12 **裝盤・烘烤**
在模中噴上些許的水
分，接著將麵團倒進
模中，放進以160℃
預熱的烤箱中烘烤35
分鐘。

13 **從模中取出**
全都烤好後，翻面讓
它冷卻，要小心將蛋
糕從模中取出，千萬
別讓它凹陷。

戚風蛋糕的成功關鍵
製作蛋白霜

戚風蛋糕沒有添加酵母和泡打粉，
利用蛋白霜的力量而膨脹，
蛋白霜要紮實到需利用飯匙將蛋白霜切開的程度，
蛋白霜的組織要稠密到就算和麵團混合，泡沫也不會消失。
試著在家利用蛋白霜製作出和麵包店一樣膨脹的蛋糕。

蛋白霜要紮實到即使將碗翻過來也不會掉落的程度。

1 開始利用手持攪拌機製造出泡沫，斜放攪拌的話，泡沫就會逐漸上升。

2 當碗中的泡沫上升的話，加入1/2份量的砂糖。

3 利用低速持續攪拌1～2分鐘，讓泡沫更加綿密。

4 將剩餘的砂糖加進去，提升速度再攪拌1～2分鐘。

5 立起手持攪拌機，然後在碗中不斷移動且變更位置攪拌，就會產生整體均一的泡沫。

Baking tip ●

使用不鏽鋼碗的理由

偶爾使用塑膠碗製作蛋白泡沫時，泡沫會不夠紮實，這是塑膠表面細微縫隙的油性成分所使然的，蛋白只要混有些許的油就會難以製造出泡沫。製作蛋白霜時要使用乾淨的不鏽鋼碗也是這個原因，將碗和道具都準備乾淨，千萬要注意別混入蛋黃。

内外不同、冷淡與熱情之間

巧克力大理石戚風蛋糕

添加豆奶製造基本楓糖麵團，留下一些麵團混入巧克力後，
倒進模中的時候將兩種都混在一起，製作出自然的大理石外觀。
太少或太多都會導致形狀很難看，所以千萬要小心調節量。

Ingredients ●

蛋黃 5個
有機砂糖 35g
菜籽油 30g
豆奶 30g
高筋麵粉 70g
澱粉 10g

巧克力麵團

可可亞粉 10g
豆奶 10~20g

蛋白霜

蛋白 5個
有機砂糖 45g

豆奶

蛋糕是有乳糖不耐症的人特別難
以食用的食物，不添加鮮奶油，
利用豆奶取代牛奶的話，就算是
有乳糖不耐症也可以食用，近來
隨著牛奶的安全性形成問題，一
般人偶爾也會專程購買使用豆奶
製作成的蛋糕來食用。將豆奶加入麵包中使用時，沒
有添加砂糖的產品會比較好，如果難以取得的時候，
就挑選甜味不會太重的產品來使用。

Time table ●製作巧克力大理石戚風蛋糕的預期需要時間是1小時15分鐘。

準備材料15分鐘　　　　　製作麵團10分鐘　　　混入蛋白霜10分鐘

How to make ●

1 製作麵團
將蛋黃倒入容器中，
加入砂糖進行攪拌。

2 混入菜籽油後，加
入豆奶進行攪拌。

3 將澱粉混入麵粉當
中，倒進②中，利用
攪拌器均勻攪拌。

4 準備巧克力麵團
將可可亞粉倒入小的
容器中，加入豆奶攪
拌混合。

5 製作蛋白霜
將蛋白加入大容器當
中，利用攪拌機製作
出泡沫，藉此製作蛋
白霜。將砂糖分兩次
加入，製作出紮實的
蛋白霜。（製作蛋白
霜的方法參考67頁）

6 混入蛋白霜
將⑤的蛋白霜的1/3
倒進③中，利用攪拌
器攪拌。

7 混合好的話，倒入1/3的蛋白霜再次進行攪拌。

8 將剩下的蛋白霜全
都倒進去，攪拌器要
下壓，如同將麵團從
下往上轉動一般地進
行攪拌。

9 裝盤

噴灑一點水在模中，將⑧的麵團留下1/4左右，然後再倒進模中。

10 將④的巧克力麵團和剩下的麵團混在一起。

11 將⑩的麵團以環繞的方式慢慢倒入戚風蛋糕模中。

12 裝盤

反覆將飯匙放入模中與取出，同時更換位置，將下面的麵團和巧克力麵團攪拌混合在一起。

13 利用抹刀或木筷在中間不斷轉圈圈，讓麵團的狀態更加穩定。

14 烘烤、冷卻

放進預熱為160℃的烤箱中烘烤35分鐘，取出翻面讓它冷卻。

15 從模中取出

用手稍微壓一下蛋糕上面，如果側面都已經脫離模的話，那就翻過來取出，利用抹刀將底部切開，將蛋糕和模分開。

Baking tip ●

在模中噴灑一些水

沒有添加泡打粉或小蘇打製作成的戚風蛋糕，利用蛋白製作成的蛋白霜而膨脹，麵團在烤箱中受熱時，會沿著蛋糕模上升，此時，如果模中有油性成份的話，膨脹的力量就會降低。因此，戚風蛋糕使用沒有塗層的模，也不會塗抹油，不過在將麵團倒進去之前，會均勻地灑上一些水。

讓我們的特色與味道世界化！

覆盆子戚風蛋糕

這是一種添加用水稀釋後當作飲料喝的覆盆子汁所製作成的蛋糕，
可以利用蛋糕體驗覆盆子的營養和美味，也可以使用石榴或其他汁液。
添加覆盆子汁後將麵包烘烤過的話，會變為青瓷色，顏色相當獨特。

Ingredients ●

蛋黃 5個
有機砂糖 30g
菜籽油 30g
覆盆子汁 60g
高筋麵粉 70g
澱粉 10g

蛋白霜

蛋白 5個
砂糖 45g

How to make ●

1 製作麵團
利用攪拌器攪拌容器
中的蛋黃，並添加砂
糖，攪拌到砂糖融化
為止。

2 加入菜籽油攪拌。

3 加入覆盆子汁攪拌。

4 讓覆盆子汁和雞蛋
完全融合，充分地攪
拌讓它稍微出現一點
泡沫。

5 將澱粉混入麵粉中攪拌，倒進④中利用攪拌器
均勻地攪拌。

Baking tip ●

進行適合戚風蛋糕的裝飾
一般來說，戚風蛋糕都會讓鮮奶油產生
泡沫，覆蓋住整個蛋糕，稍微加入一些
砂糖和蘭姆酒，讓鮮奶油80％都產生泡
沫，接著只要利用抹刀塗抹上即可。另
外，倘若沒有塗抹鮮奶油的話，也會切
下一塊，然後在一旁另外放上鮮奶油。
此時，加上冷凍覆盆子或藍莓等水果也
是相當適合的。也可以利用小的篩網撒
上糖粉或可可亞粉。

Time table ● 製作覆盆子戚風蛋糕的預期需要時間是1小時15分鐘。

準備材料15分鐘　　　　製作麵團10分鐘　　混入蛋白霜10分鐘

裝盤5分鐘　　　　　　　　烘烤35分鐘　　　　　　　完成

How to make ●

6 **製作蛋白霜**
將蛋白倒進其他容器中，利用手持攪拌機製造出泡沫，倒進砂糖的1/2，製造出更多的泡沫。（參考67頁）

7 倒進剩下的砂糖，繼續攪拌1～2分鐘讓它產生泡沫，製造稠密紮實的蛋白霜。

8 **混入蛋白霜**
將⑦的蛋白霜的1/3加入⑤的麵團中，利用攪拌器攪拌。

9 完全混合後，將1/3的蛋白霜倒入攪拌。

10 將剩下的蛋白霜全都加入，並將攪拌器下壓小心翼翼地攪拌，讓泡沫不至於消失。

12 **烘烤**
利用飯匙在中間畫圈圈似地攪拌，麵團呈現穩定狀後放進預熱為160℃的烤箱中烤35分鐘。

13 **從模中取出**
取出後翻面讓它冷卻，接著從模中取出。

11 **裝盤**
在模中噴灑一點水，接著將麵團倒進去。

戚風蛋糕的完成

在完好無缺的狀態下
從模中取出的方法

倘若成功烘培好戚風蛋糕的話，
要完好無缺地從模中取出才算是真正的完成。
將戚風蛋糕從模中取出時，
也有人會利用薄的抹刀或刀從邊緣取出，
但是稍有不慎很可能造成損傷的。
戚風蛋糕倘若烤得很有彈性的話，只要用手一壓，
模組和蛋糕之間就會出現縫隙，就可以藉此將它取出。
這種方法相當容易取出，同時表面也會相當乾淨，
不過，蛋糕要等到完全冷卻時再取出才不會碎裂。

將蛋糕模移開的話，蛋糕會很完整地分離。

1 將烤好的戚風蛋糕從烤箱中取出。

2 翻面讓它冷卻，戚風蛋糕的模中間圓柱狀的部分相當長，可以立起來讓它進行冷卻。

3 蛋糕完全冷卻後，用手抓著上方，蛋糕模和蛋糕之間產生空隙，沿著圓的中心施力往蛋糕壓的話，蛋糕就會從模中脫落。

4 翻面從模中取出蛋糕，底層的部分則是利用抹刀，一邊轉動一邊將蛋糕挖出來。

乳酪和豆腐是夢幻的組合！

豆腐乳酪蛋糕

為了降低高卡路里的憂慮，添加了豆腐和乳酪，
豆腐的質感柔和，而且很香，可以維持乳酪蛋糕的美味，
同時降低卡路里。比一般乳酪蛋糕更具潤澤。

Time table ● 製作豆腐乳酪蛋糕的預期需要時間是1小時10分鐘。

材料準備15分鐘　　製作底板10分鐘　混入麵團15分鐘　　裝盤‧烘烤30分鐘　完成

Ingredients ●

*直徑18cm的圓形模
　1個的份量
奶油乳酪　250g
豆腐　200g
楓糖　80g
無鹽奶油(常溫)　30g
雞蛋　2顆
豆奶　50g
玉蜀黍澱粉　20g
高筋麵粉　30g
香草精　3~4滴

蛋糕底板

有機餅乾　80g
無鹽奶油(常溫)　30g

How to make ●

1 製作底板
將有機餅乾放進容器
中，用木棒搗碎後加
入奶油，用手攪拌混
合。

2 將①倒進塗有奶油
的蛋糕模中，用手捏
碎均勻鋪上。

3 製作麵團
將奶油乳酪和楓糖倒進容器中，用手均勻攪拌，
接著將奶油倒進去攪拌。

4 將豆腐切碎，用手捏碎放入容器中，接著利用
攪拌器攪拌，或者也可以利用攪拌機。

5 將雞蛋倒進去攪拌，
一次一顆。

6 塗抹糖漿
倒入玉蜀黍澱粉、麵
粉和香草精混合後，
接著將豆腐一點點地
倒進去攪拌。

7 裝盤‧烘烤
將麵團倒進蛋糕模中，
接著放進預熱為170℃
的烤箱中烤30分鐘。

利用豆奶代替牛奶、利用天然糖漿取代砂糖的
金桔塔

這是一種豆奶的香味與金桔的微酸味相當融洽的金桔塔，
麵團沒有另外烤，降低了製作塔的困難，
只要吃下一口有著滿滿杏仁奶油的內餡，
就會讓人覺得滿足，適合當作悠閒下午的充電用點心。

Ingredients ●
*直徑21cm塔模　1個的份量
金桔罐頭　1/2罐

塔麵團
高筋麵粉　140g
麵包用玄米米粉　40g
油菜籽油　50g
龍舌蘭草蜜　60g
豆奶　50g

杏仁奶油
杏仁粉　100g
粗全麥粉　45g
泡打粉　5g
天日鹽　1g
菜籽油　60g
龍舌蘭草蜜　100g
豆奶　50g
香草精　4滴

準備材料20分鐘   製作塔底板20分鐘

How to make ●

1 **製作塔底板**
將麵粉和玄米米粉混入容器中。

2 將豆奶、龍舌蘭草蜜、油菜籽油倒入其他容器，利用攪拌器均勻攪拌。

3 隨著油因為豆奶而乳化，攪拌成黏稠狀。

4 將③倒入①當中，利用飯匙攪拌。

5 大概混合後，倒在工作桌上，用手進行搓揉。

6 將它搓揉成塊狀。

7 在工作桌上撒上足夠的粉，將麵團桿平後放進模中。

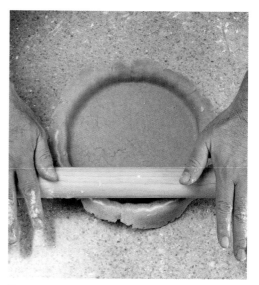

8 讓麵團緊緊附著在邊緣，用桿麵棍桿過，然後將多餘的部份切下。

9 用手用力壓邊緣，修飾其形狀，接著用叉子刺出氣孔。

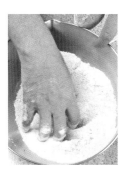

10 **製作杏仁奶油**
將杏仁粉、粗全麥粉和泡打粉、鹽巴混入容器中。

11 將菜籽油、龍舌蘭草蜜、豆奶、香草精等材料倒入其他容器中，利用攪拌器均勻攪拌。

12 將⑪倒進⑩當中攪拌。

13 **成形**
將⑫的杏仁奶油倒進⑨的模當中。

14 **烘烤**
均勻放上金桔，放進預熱為175℃的烤箱中烤25分鐘。

Baking tip ●

在塔的麵團中挖氣孔的原因
在烤塔或派的時候，必須讓底板麵團確實附著在模上，底層和側面都必須要確實附著，而且不能有空氣會進入的地方，如此一來，烘烤的時候才不會裂開或爆開。空氣進入後會因為熱而膨脹，就會無法烤出形狀漂亮的底板，側面要用手仔細壓讓它確實附著，然後用叉子挖出氣孔。

添加新鮮水果來烘烤的手工烘培

蘋果塔

這是一種底板不需要另外烘烤，
直接加入內餡一次進行烘烤的塔，
放在上面的蘋果不需要任何前置作業，
只要用刨刀簡單刨過後擺上，
然後撒上砂糖烘烤就可以了，
是一種溫熱的時候食用可以感受得到製作者誠意的手工烘培。

材料準備20分鐘	製作塔底板20分鐘

製作杏仁奶油5分鐘　　　成形10分鐘　　　　　　烘烤30分鐘　　　完成

Ingredients ●

*直徑15cm的塔模
2個的份量
蘋果 1又1/2顆
有機砂糖 適量

塔麵團
高筋麵粉 140g
麵包用玄米米粉 40g
油菜籽油 50g
龍舌蘭草蜜 60g
豆奶 50g

杏仁奶油
杏仁粉 100g
粗全麥粉 45g
泡打粉 5g
天日鹽 1g
菜籽油 60g
龍舌蘭草蜜 100g
豆奶 50g
香草精 4滴

How to make ●

1 將龍舌蘭草蜜、油菜籽油、豆奶加入容器中，利用攪拌器攪拌，將麵粉和玄米米粉混合加入攪拌。

2 將①倒在工作桌面上，搓揉成一團，接著用桿麵棍桿平，然後放進模中。

3 用切刀或刀將邊緣多餘的部分切斷。

4 用手將邊緣摺出褶皺，用叉子將麵團刺出幾個氣孔。

5 **製作杏仁奶油**
將龍舌蘭草蜜、油菜籽油、鹽巴、豆奶和香草精倒入容器中，利用攪拌器充分地攪拌。

6 將杏仁粉、粗全麥粉、泡打粉混合倒進⑤中，用飯匙攪拌。

7 **填滿蘋果塔**
將⑥的杏仁奶油倒進④的模中，將蘋果切薄放上。

8 **烘烤**
在蘋果上面均勻撒上砂糖，放進預熱為170℃的烤箱中烘烤30分鐘。

含有豐富的不飽和脂肪酸，比肉還要對身體有益處的松子

松子塔

擺上滿滿秋天時摘下的松子烤的話，每次咀嚼的時候，
嘴裡就會散發一股濃濃的香味。
松子在烤箱中烤的話，可以完整呈現其香味，顯得更加美味可口。
烤過後會呈現泛黃且相當美味，也適合當作禮物送給他人。

Ingredients ●

*直徑15cm的塔模 2個的份量

松子 115g

高筋麵粉 15g

無鹽奶油 30g

蜂蜜 20g

澱粉糖漿 20g

有機砂糖 25g

鮮奶油 20g

塔麵團

高筋麵粉 140g

麵包用玄米米粉 40g

油菜籽油 50g

龍舌蘭草蜜 60g

豆奶 50g

杏仁奶油

杏仁粉 100g

粗全麥粉 45g

泡打粉 5g

天日鹽 1g

菜籽油 60g

龍舌蘭草蜜 100g

豆奶 50g

香草精 4滴

松子

含有豐富不飽和脂肪酸的松子其
營養價值相當高，從以前就經常
被當作身體虛弱者或休養期患者
的營養食物使用，松子同時也擁
有大量的維他命E，所以對於防
止老化和皮膚美容很好，由於松
子100公克的熱量高達665大卡，所以不能吃太多。松
子在西方也經常被當作健康食品的材料，製作麵包或蛋
糕時，在鍋子稍微烤到泛黃時再加入，就會更加美味。

準備材料20分鐘　　　　製作塔底板20分鐘　　　　製作杏仁奶油5分鐘

How to make ●

1 **製作塔的麵團**
將龍舌蘭草蜜、菜籽油、豆奶倒進容器當中，用攪拌器攪拌，將麵粉和玄米米粉混入倒進容器中攪拌。

2 將①倒在工作桌面上，搓揉成一團用桿麵棍桿平，然後放進模中。

3 利用切刀或刀將邊緣多餘的部分切斷。

4 用手將邊緣摺出褶皺，用叉子將麵團刺出幾個氣孔。

5 **製作杏仁奶油**
將龍舌蘭草蜜、油菜籽油、鹽巴、豆奶和香草精倒入容器中，利用攪拌器充分地攪拌。

6 將杏仁粉、粗全麥粉、泡打粉混入另一個容器中，接著倒進⑤中用飯匙攪拌。

7 **填滿松子塔**
將⑥的杏仁奶油裝滿④的模。

8 讓上方呈現平坦狀，放進預熱為170℃的烤箱中烤30分鐘。

9 試著利用竹籤刺，如果沒有沾到任何物質，就表示已經全都熟了，然後取出讓它冷卻。

10 **製作松子餡**
將奶油、蜂蜜、澱粉糖漿、砂糖、鮮奶油倒進鍋子裡煮。

11 將麵粉加入松子中攪拌。

12 將⑪的松子倒進⑩當中，然後將它煮滾。

13 將⑫的松子餡加入⑨的塔中，然後均勻攤開。

14 **烘烤**
放進預熱為200℃的烤箱中烤7～8分鐘。

Baking tip ●

塔模
到製作糕點的材料商就可以取得多種樣式的塔模，側面有褶皺的、沒有褶皺的、底部中空的、底部不是中空的等各式各樣的種類，不需要刻意計較形狀，挑選自己喜歡的就可以了。倘若是陶瓷器製作成的，要先確認過再使用。

讓氛圍更上一層樓的午後點心
豆腐奶油草莓塔

烤好一個塔，接著添加豆腐奶油和草莓製作成點心，
杏仁奶油的香味會賦予讓心情愉快的甜味，
雖然可以將草莓塗抹上果醬或鏡面果膠讓其散發光澤，
倘若是在家製作好就要直接食用的話，最好還是品嚐草莓原來的新鮮口味。

Time table ● 製作豆腐奶油草莓塔的預期需要時間是2小時。

準備材料20分鐘　　製作塔底板20分鐘　　製作杏仁奶油5分鐘

成形5分鐘　　烘烤30分鐘　　冷卻30分鐘　　裝飾10分鐘　完成

Ingredients ●

*直徑21cm的塔模
 1個的份量

豆腐奶油(參考44頁) 200g

草莓 20顆

基本糖漿 適量

塔麵團

高筋麵粉 140g

麵包用玄米米粉 40g

油菜籽油 50g

龍舌蘭草蜜 60g

豆奶 50g

杏仁奶油

杏仁粉 100g

粗全麥粉 45g

泡打粉 5g

天日鹽 1g

菜籽油 60g

龍舌蘭草蜜 100g

豆奶 50g

香草精 4滴

How to make ●

1 製作塔的麵團
和86頁①～②一樣的
方法，製作麵團放在
塔上。

2 利用切刀將邊緣多餘的部分切斷。

3 用手施力壓邊緣的
部份，讓它能夠確實
附著在模上，利用叉
子在中間刺出幾個氣
孔。

4 塗抹杏仁奶油
利用和86頁的⑤～⑥
相同的方法，製作杏
仁奶油來填滿塔。

5 烘烤
放進以170℃預熱的烤
箱中烤30分鐘，接著
取出讓它完全冷卻。

6 塗抹糖漿
在上面塗滿糖漿。

7 塗抹豆腐奶油
利用抹刀塗抹上豆腐
奶油，將草莓切半擺
上。

沒有添加乳製品的植物性蛋糕
布朗尼

密度稠密的巧克力麵團、濃郁的可可香、榛子…
讓人難以抗拒其味道的正統布朗尼，
利用豆奶和植物性油取代牛奶和奶油來製作。
可可亞粉有70%以上的可可，賦予了天然巧克力的美味。

Time table ● 製作布朗尼的預期需要時間是1小時。

材料準備20分鐘　　製作麵團15分鐘　　裝盤5分鐘　　烘烤20分鐘　　完成

Ingredients ●

*18×18cm四方模
　1個的份量
粗全麥粉　100g
高筋麵粉　60g
可可亞粉　40g
泡打粉　4g
小蘇打　4g
豆奶　160g
菜籽油　70g
龍舌蘭草蜜　100g
楓樹糖漿　50g
新鮮柳橙汁　50g
香草精　3~4滴

副材料
切碎的核桃　50g
杏仁片　30g
榛子　20g

How to make ●

1 將麵粉以及粗全麥
粉、可可亞粉、泡打
粉和小蘇打加入容器
中均勻攪拌。

2 將豆奶、菜籽油、
龍舌蘭草蜜和楓樹糖
漿混合攪拌，接著倒
進①中攪拌。

3 將香草精和柳橙汁
混合攪拌，接著倒進
②中充分攪拌。

4 **鋪上烤盤紙**
在四方模中鋪上烤盤
紙，將烤盤紙的四角
呈現對角線，利用剪
刀修飾後摺起來，如
此一來會比較方便。

5 **加入副材料**
將杏仁片和核桃加入③的麵團中，利用飯匙輕盈
攪拌。

6 **裝盤**
將麵團倒入④的模中。

7 烘烤
讓表層呈現平坦狀，
均勻撒上榛子，放進
預熱為175℃的烤箱
中烤20分鐘。

就算是討厭蔬菜的人也難以抗拒的味道
紅蘿蔔蛋糕

撒上切碎的紅蘿蔔製作成的紅蘿蔔蛋糕，
散發一股淡淡的紅蘿蔔香味，將楓糖和紅蘿蔔攪拌混合後，
口感更加甜美，在上面撒上椰子（coconut），
就會化身為口感酥脆的點心用蛋糕。

Time table ● 製作紅蘿蔔蛋糕的預期需要時間是1小時10分鐘。

材料準備20分鐘　　製作麵團15分鐘　　裝盤5分鐘　　烘烤30分鐘　　完成

Ingredients ●

*直徑16cm圓形模
　3個的份量
高筋麵粉 210g
泡打粉 10g
杏仁粉 75g
切碎的紅蘿蔔 150g
向日葵籽油 180g
楓糖 150g
天日鹽 3g
雞蛋 200g
椰子絲
(Coconut long Slice)
及楓糖 適量

How to make ●

1 讓砂糖融化
將楓糖和向日葵籽油
加入容器中,利用攪
拌器攪拌,接著加入
鹽巴攪拌。

2 加入雞蛋
一次加入一顆雞蛋到
①,持續利用攪拌器
攪拌。

3 剛開始油還不會融
入,攪拌雞蛋後,油
就會乳化變柔和,持
續攪拌直到出現泡沫
為止。

4 製作麵團
將麵粉、杏仁粉、泡
打粉混入另一個容器
中,接著倒進③且利
用飯匙攪拌。

5 加入紅蘿蔔
將切碎的紅蘿蔔加入
麵團中,然後輕輕地
攪拌。

6 裝盤
在圓形模中鋪上烤盤
紙,倒滿80%左右就
可以了。

7 烘烤
在上面撒上椰子絲和
楓糖,然後放進預熱
為180℃的烤箱中烤
30分鐘。

呈現自然的強烈紅寶石色彩

甜菜蛋糕

甜菜一般在夏天時會當作包生菜的材料食用，
秋天時根部會長出拳頭大小的甜菜，
只要稍微添加內部呈現深紫色的甜菜，整個麵團就會被染紅，
加入切碎的甜菜，製作出色彩華麗的蛋糕。

Time table ● 製作甜菜蛋糕的預期需要時間是1小時15分鐘。

材料準備15分鐘　　製作麵團10分鐘　裝盤5分鐘　　　烘烤45分鐘　　　完成

Ingredients ●

*11x21cm圓形模　1個的份量
瑪芬杯　3個的份量
高筋麵粉　200g
杏仁粉　80g
泡打粉　10g
向日葵籽油　180g
楓糖　150g
天日鹽　3g
雞蛋　200g
切碎的甜菜　150g

How to make ●

1 **製作麵團**
將向日葵籽油、楓糖和鹽巴加入容器中攪拌。

2 將雞蛋分三次加入①中，利用攪拌器充分攪拌。

3 將杏仁粉、泡打粉加入麵粉中攪拌，倒入②中利用飯匙攪拌均勻。

4 **加入副材料**
將切碎的甜菜加入③中，利用飯匙均勻攪拌，整個麵團會逐漸變成紅色。

5 **裝盤**
將麵團倒入塗抹油的模中，大約60～70%左右滿就可以了。

6 將剩下的麵團倒入杯中一起烤。

7 **烘烤**
放進預熱為170℃的烤箱中45分鐘，瑪芬杯在相同溫度下烤30分鐘。

吹起冷風時會讓人想起的
蘋果蛋糕

添加杏仁粉和蘋果，口感香甜的蛋糕，
這是一種外觀簡樸的蛋糕，
內部的蘋果散發出一股秋天的風味。
燉煮過的、罐頭或新鮮的，無論哪一種都可以使用。

Time table ●製作蘋果蛋糕的預期需要時間是1小時15分鐘。

材料準備15分鐘　　　製作麵團10分鐘　裝盤5分鐘　　　烘烤45分鐘　　　完成

Ingredients ●

*11x21cm模　1個的份量
瑪芬杯　3個的份量
高筋麵粉　200g
杏仁粉　80g
泡打粉　10g
向日葵籽油　180g
楓糖　150g
天日鹽　3g
雞蛋　200g
調味的蘋果　200g
調味的裝飾用蘋果　100g
*調味的蘋果要使用罐頭產
　品，如果沒有罐頭，也可
　以將蘋果切過加入使用。

How to make ●

1 將楓糖、鹽巴加入
向日葵籽油中，利用
攪拌器攪拌。

2 將雞蛋加入①中，
一次加入一顆，利用
攪拌器攪拌。

3 將杏仁粉、泡打粉
混入麵粉中，接著倒
入②中。

4 均勻攪拌後，加入
蘋果攪拌。

5 將麵團倒進塗抹油
的模中，剩下的麵團
倒進杯中。

7 試著利用竹籤刺刺
看，倘若沒有附著任
何東西，就表示已經
全都熟了。

6 將蘋果切薄放上去，放進預熱為170℃的烤箱
中烤45分鐘，瑪芬杯中的麵團則烤30分鐘。

66 近來，沒有添加奶油的蛋糕受歡迎的程度，
可以說是不輸給利用各種五顏六色的奶油裝飾的蛋糕，
「沒有奶油就稱不上是蛋糕」的固定觀念已經消失了，適合搭配茶一起享用，
倘若對蛋糕有健康上的顧慮，這一類的蛋糕則可以讓人安心享受。
試著製作沒有添加奶油、利用米粉製作，
可以輕易恢復元氣且對康有益處的蛋糕吧。99

米蛋糕
rice cake

利用純米粉打造出來的美味
菠菜米蛋糕

在沒有添加麩質的純米粉中加入泡打粉讓它膨脹而成的蛋糕，
將菠菜搗碎加入，於是便會呈現天然的深綠色，
由於利用豌豆裝飾，所以外型也相當有趣。
米蛋糕製作好放置一天再食用會更加美味。

Time table ●製作菠菜米蛋糕的預期需要時間是1小時40分鐘。

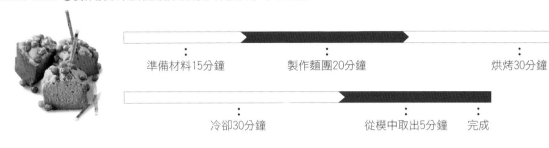

準備材料15分鐘　　　製作麵團20分鐘　　　烘烤30分鐘

冷卻30分鐘　　　　　從模中取出5分鐘　　完成

Ingredients ●

*直徑16cm的戚風蛋糕模
　1個的份量
純米粉　250g
泡打粉　10g
菠菜　100g
豆奶　280g
橄欖油　80g
龍舌蘭草蜜　60g
天日鹽　2g
豌豆　60g

How to make ●

1　製作麵團
將菠菜洗淨倒進攪拌機中，先加入1/2的豆奶，菠菜均勻絞碎的時候，將剩下的豆奶也加進去攪拌。

2 將①倒入容器中，加入鹽巴、龍舌蘭草蜜和橄欖油攪拌。

3 將米粉和泡打粉混入其他容器中。

4 將②倒進③的粉末中，利用飯匙均勻攪拌，讓其呈現黏稠光滑的狀態。

5　裝盤・裝飾
將麵團倒入塗抹有奶油或油的模中，用塑膠飯匙修飾一下上方後，擺上豌豆。

6　烘烤
放進預熱為170℃的烤箱中烤30分鐘，利用竹籤刺過，倘若沒有附著任何物質就是完全烤好了。

7　冷卻・從模中取出
將戚風蛋糕翻面立起後，等它完全冷卻，利用刀從邊緣部分將蛋糕取出來。

由於外觀美麗，所以適合當作禮物送人
覆盆子開心果
米蛋糕

在米粉麵團中添加上新鮮的水果，
即使沒有其他裝飾，也能成為外型美觀的蛋糕。
每次咀嚼覆盆子時，嘴裡就會散發又香又爽口的味道。

Time table ●製作覆盆子開心果米蛋糕的預期需要時間是55分鐘。

準備材料10分鐘　　製作麵團10分鐘　　　　　　　烘烤35分鐘　　　　　完成

Ingredients ●

純米粉　300g
泡打粉　15g
豆奶　240g
檸檬汁　1/2顆的份量
橄欖油　80g
楓樹糖漿　80g
蘋果汁　50g
天日鹽　3g

裝飾

冷凍覆盆子　100g
開心果　20顆

How to make ●

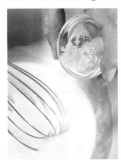

1 **製作麵團**
將豆奶、檸檬汁、檸檬外皮、蘋果汁、楓樹糖漿、橄欖油和鹽巴輪流加入容器中，接著用攪拌器攪拌。

2 將米粉和泡打粉混入其他容器，然後加入①中。

3 **裝盤**
利用飯匙用力攪拌，當麵團呈現光滑狀的話，倒進塗抹油的圓形模中。

4 利用塑膠飯匙修飾表層。

5 **裝飾**
均勻擺上覆盆子。

6 擺上開心果，將開心果的外皮剝下，然後擺在麵團上。

7 **烘烤**
放進預熱為170℃的烤箱中烤35分鐘。

運用水果醬和果汁的
藍莓米麵包

麵包或蛋糕會隨著添加的香料而影響其味道，
將蘋果絞碎加入，藉此取代牛奶或豆奶，
蛋糕顯得更香甜，然後添加滿滿的藍莓。

Time table ●製作藍莓米麵包的預期需要時間是1小時25分鐘。

準備材料10分鐘　　製作麵團10分鐘　　發酵20分鐘

烘烤40分鐘　　　　完成

Ingredients ●

純米粉　300g
即溶酵母　8g
泡打粉　5g
藍莓醬　60g
豆奶　240g
蘋果汁　300g
菜籽油　20g
楓樹糖漿　20g
天日鹽　4g
冷凍藍莓　20顆

How to make ●

1 製作麵團
將水果汁、鹽巴、楓
樹糖漿、菜籽油依序
加入容器中，同時利
用攪拌器攪拌。

2 加入藍莓醬攪拌。

3 將米粉和酵母混入其他容器中，接著倒進②中
利用塑膠飯匙均勻攪拌。

5 裝盤
在蛋糕模中放一個瑪芬杯，在瑪芬杯邊緣倒入麵
團，讓它呈現環狀。

6 裝飾
利用塑膠飯匙修飾麵
團表層，在各處擺上
藍莓。

7 發酵・烘烤
覆蓋塑膠讓它發酵20
分鐘，接著放進預熱
為160℃的烤箱中烤
40分鐘。

利用簡樸的材料製作出來的清淡口感
綠豆米蛋糕

米粉比麵粉更容易運用，只要取得和米很搭配，
也適合我們口味的材料添加進去，就可以創造出新的麵包。
試著將泡過水的綠豆搗碎加入，
製作成清淡且香味十足的米蛋糕。

Time table ● 製作綠豆米蛋糕的預期需要時間是1小時5分鐘。

準備材料15分鐘　製作麵團10分鐘　裝盤5分鐘　　　　烘烤35分鐘　　　　完成

Ingredients ●

*直徑15cm環狀模　1個
瑪芬杯　3個的份量
純米粉　250g
泡打粉　10g
楓樹糖漿　100g
橄欖油　80g
牛奶　250g
天日鹽　2g
綠豆(泡過水絞碎的)　150g
開心果　適量

How to make ●

1 **製作麵團**
將楓樹糖漿、豆奶、橄欖油和鹽巴加入容器中，利用攪拌器攪拌。

2 將綠豆加入①中，綠豆在前一天晚上就先浸泡過，撈起去除水分就放進攪拌機中絞碎。

3 將泡打粉混入米粉中，接著倒進②中，利用飯匙攪拌。

4 **裝盤**
將麵團倒進塗抹油的蛋糕模中。

5 將剩下的麵團裝入瑪芬模中。

6 **烘烤**
將表面修飾平坦，撒上開心果，然後放進預熱為170℃的烤箱中烤35分鐘，瑪芬杯烤30分鐘。

運用年糕的新口味
南瓜乾米蛋糕

試著加入南瓜乾，宛如製作年糕般地製作麵包，
老南瓜的黃色色素葉黃素（lutein）可以預防皮膚癌，是相當備受矚目的健康食品。
讓我們來認識這個能夠消除浮腫、有助於利尿的健康蛋糕。

Time table ●製作南瓜乾米蛋糕的預期需要時間是1小時15分鐘。

準備材料15分鐘　製作麵團10分鐘　裝盤5分鐘　烘烤45分鐘　完成

Ingredients ●

*11x21cm麵包模　1個

純米粉　250g

泡打粉　15g

豆奶　270g

龍舌蘭草蜜　80g

菜籽油　80g

天日鹽　2g

副材料

南瓜乾　100g

葡萄乾　50g

水　50g

蘭姆酒　20g

*南瓜乾和葡萄乾泡在水和
　蘭姆酒中2個小時左右

How to make ●

1 **製作麵團**
將豆奶、菜籽油、龍舌蘭草蜜和鹽巴加入容器中。

2 利用攪拌器攪拌，直到油呈現白色，不能在油浮起的狀態下加入粉末。

3 將泡打粉混入米粉中，然後倒進②中。

4 利用飯匙充分攪拌讓麵團呈現光滑。

5 **加入副材料**
加入浸泡過水和蘭姆酒的南瓜乾和葡萄乾攪拌。

6 **裝盤**
將麵團倒進塗有油的模中。

7 **烘烤**
將表面修飾平坦，然後放進預熱為170℃的烤箱中烤45分鐘。

添加滿滿的香噴噴的
腰果松子米蛋糕

倘若知道幾項容易製作且營養價值高的菜單，
就可以享受相當多樣化的手工烘培，
腰果松子米蛋糕是其中一項，香脆的腰果相當美味可口。

Time table ● 製作腰果松子米蛋糕的預期需要時間是1小時5分鐘。

準備材料15分鐘　　製作麵團10分鐘　裝盤5分鐘　　　　烘烤35分鐘　　　　完成

Ingredients ●

*11x21cm麵包模 1個

純米粉 250g

泡打粉 13g

腰果 100g

松子 50g

豆奶 270g

楓樹糖漿 80g

橄欖油 80g

天日鹽 2g

How to make ●

1 製作麵團
將楓樹糖漿、鹽巴和豆奶、橄欖油加入容器中，利用攪拌器攪拌。

2 充分攪拌直到油和豆奶完全融合為止。

3 將泡打粉混入麵粉中，倒進②，利用飯匙攪拌。

4 添加副材料
在170℃的烤箱中烤35分鐘後加入腰果和松子攪拌。

5 裝盤
將麵團倒進塗抹過油的模中，接著擺上腰果。

6 烘烤
放進預熱為170℃的烤箱中烤45分鐘。

運用家裡有的材料，簡單地製作蛋糕！

柚子米蛋糕

倘若過了冬天家中還有醃漬過的柚子，那就可以試著挑戰這個菜單！
其實，醃漬過的柚子經過長時間醃漬成熟，會散發更深沉的美味。
將這種柚子加入麵包中的話，會讓人再次迷戀上柚子的美味的，
試著製作柚子香會刺激味覺的米蛋糕吧。

Time table ● 製作柚子米蛋糕的預期需要時間是1小時15分鐘。

準備材料15分鐘　　製作麵團10分鐘　裝盤5分鐘　　　烘烤45分鐘　　　　完成

Ingredients ●

*11x21cm麵包模
　1個的份量
純米粉　250g
泡打粉　15g
豆奶　250g
菜籽油　80g
楓樹糖漿　80g
天日鹽　2g
醃漬過的柚子　150g

How to make ●

1　製作麵團
將菜籽油、鹽巴、楓
樹糖漿、豆奶加入容
器中,利用攪拌器攪
拌,充分攪拌讓油和
水完全融合。

2 將醃製過的柚子加
入①中攪拌。

3 將泡打粉混入米粉
中,接著倒入②中。

4　裝盤
將麵團攪拌均勻後,
接著倒入塗抹油的模
中。

5 用塑膠飯匙修飾平坦。

6　烘烤
放進預熱為170℃的烤
箱中烤45分鐘。

覆盆子、檸檬、蘋果三種的顏色與味道

米瑪芬3種

利用純米粉製作的麵包內層具水分且相當具有嚼勁，
利用米製作小瑪芬，外層具備酥脆的質感，內層則相當清爽。
加入新鮮的水果，就可以製作出美味爽口的米瑪芬。

蘋果米瑪芬

Time table ● 製作蘋果米瑪芬的預期需要時間是1小時。

| 準備材料15分鐘 | 製作麵團20分鐘 | 裝盤5分鐘 | 烘烤20分鐘 | 完成 |

Ingredients ●

*直徑7cm瑪芬杯
　6個的份量

純米粉 100g

玄米粉 50g

泡打粉 8g

蘋果 1/4顆

豆奶 130~140g

菜籽油 50g

楓樹糖漿 40g

絞碎的紅茶葉 2g

裝飾

蘋果 1/4顆

楓樹糖漿 些許

How to make ●

1 製作麵團
將米粉、玄米粉和泡打粉等材料加入容器中攪拌。

2 將豆奶、菜籽油、楓樹糖漿混入其他容器中，加入絞碎的紅茶葉攪拌。

3 將②倒入①中。

4 利用攪拌器施力攪拌。

5 加入副材料
加入切碎的蘋果，利用飯匙輕輕地攪拌。

6 裝盤・烘烤
將麵團裝入塗抹油的模中，將裝飾用的蘋果沾楓樹糖漿，然後在每個麵團上放一塊蘋果和楓樹糖漿，接著放進預熱為160℃的烤箱中烤20分鐘。

檸檬米瑪芬

Time table ● 製作檸檬米瑪芬的預期需要時間是1小時5分鐘。

準備材料15分鐘　製作麵團20分鐘　裝盤5分鐘　烘烤25分鐘　完成

Ingredients ●

*直徑7cm瑪芬杯
　6個的份量
純米粉　150g
泡打粉　8g
切碎的檸檬皮
1/2顆的份量
檸檬汁　1/2顆的份量
豆奶　100~120g
向日葵籽　50g
龍舌蘭草蜜　40g
蘋果汁　20g
天日鹽　1g

裝飾
裝飾用檸檬　些許
有機砂糖　些許

How to make ●

1 將檸檬皮拔下後搗碎，或者利用刨刀將黃色皮的部分刨下。

2 **製作麵團**
將米粉和泡打粉加入容器中攪拌。

3 **混入液體**
將豆奶、向日葵籽油、龍舌蘭草蜜、蘋果汁、檸檬汁、①的檸檬皮和鹽巴倒入另一個容器中攪拌。

4 將③倒入②中，利用攪拌器攪拌。

5 **觀察濃度**
倘若有點黏稠的話，就加入一點豆奶或蘋果汁攪拌。

6 當麵團呈現均勻光滑狀時，倒入塗抹油的瑪芬模中，大約裝80%左右即可。

7 **烘烤**
將檸檬切碎，沾上有機砂糖放在麵團上，接著放進預熱為160℃的烤箱中烤25分鐘。

覆盆子米瑪芬

Time table ● 製作覆盆子米瑪芬的預期需要時間是1小時5分鐘。

準備材料15分鐘　製作麵團20分鐘　裝盤5分鐘　烘烤25分鐘　完成

Ingredients ●

*直徑7cm瑪芬杯
　6個的份量
純米粉　150g
泡打粉　8g
冷凍覆盆子　90g
豆奶　100g
菜籽油　50g
楓樹糖漿　40g
蘋果汁　30g
天日鹽　1g

How to make ●

1　製作麵團
將米粉、泡打粉倒入
容器中攪拌。

2 將豆奶、菜籽油、
楓樹糖漿、蘋果汁和
鹽巴等材料倒入另一
個容器中,利用攪拌
器攪拌。

3 將②加入①中,利
用攪拌器攪拌。

4　加入副材料
米粉吸入水分變得濃
稠時,加入覆盆子,
接著用飯匙輕輕攪拌
均勻,千萬別將覆盆
子搗碎。

5　裝盤‧烘烤
將麵團倒進塗抹油的
瑪芬模中,接著放進
預熱為160℃的烤箱
中烤25分鐘。

「難道就沒有可以在家輕易製作、好吃又對身體有益的零食嗎？」
相信很多人都有這一類的煩惱，
同時也希望能夠降低變胖的憂慮和照顧到自身的健康。
話雖如此，常人也無法因此放棄主食以外的喜悅滿足，因此，
這同時也是我在製作麵包時一直遇到的煩惱。
就算量少也無所謂，於是我便嘗試
只靠對身體有益的材料來製作非常善良的餅乾。

健康餅乾

healthy cookies

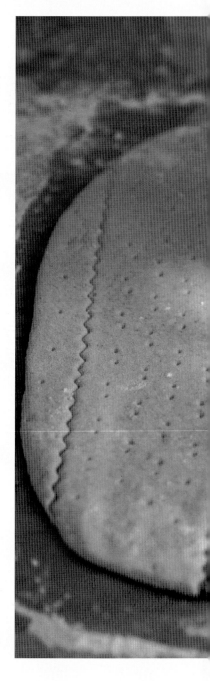

利用米和植物性油製作成的
香草餅乾

一般人都認為沒有奶油和砂糖是無法製作餅乾的，
不過現在卻能利用米粉、豆奶和向日葵籽油製作餅乾，
降低卡路里的憂慮，添加天然調味料楓樹糖漿，
讓味道與香味兩者兼具。

準備材料10分鐘　製作麵團10分鐘　　　　裝盤15分鐘　　　　　　　烘烤30分鐘　　　　　完成

Ingredients ●

純米粉　100g

泡打粉　5g

豆奶　100g

向日葵籽油　40g

楓樹糖漿　40g

香草豆　1/5節

天日鹽　1g

杏仁片　適量

How to make ●

1 製作麵團
將泡打粉加入米粉中攪拌。

2 將香草豆切一半，取出其中的籽，如果沒有香草片，就加入兩滴香草精。

3 將楓樹糖漿、向日葵籽油、鹽巴加入②當中，利用攪拌器攪拌。

4 將③倒入①的粉末中，利用塑膠飯匙均勻攪拌。

5 將麵團放入擠花袋中。

6 裝盤
在烤箱盤上擠出圓形狀。

7 在上面各擺上一片杏仁片。

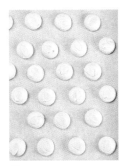

8 烘烤
放進預熱為150℃的烤箱中烤30分鐘。

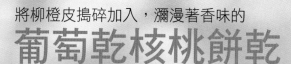

將柳橙皮搗碎加入，瀰漫著香味的
葡萄乾核桃餅乾

稀稠的麵團會自然地散開，同時變成圓形狀的餅乾，
雖然參差不齊，但其形狀反而看起來更美味，
加入葡萄乾、核桃、柳橙皮，讓味道與香氣更加豐富。

Time table ● 製作葡萄乾核桃餅乾的預期需要時間是1小時。

準備材料10分鐘　製作麵團10分鐘　　裝盤15分鐘　　　　烘烤25分鐘　　　完成

Ingredients ●

純米粉 100g
泡打粉 5g
豆奶 130g
向日葵籽油 50g
楓樹糖漿 20g
天日鹽 1g
切碎的葡萄乾 20g
切碎的核桃 20g
搗碎的橘子皮 20g

How to make ●

1 將柳橙皮切下且搗碎。

2 **製作麵團**
將米粉和泡打粉混合攪拌。

3 將向日葵籽油、鹽巴、楓樹糖漿倒進豆奶中攪拌。

4 將③加入②中。

5 利用飯匙攪拌製作成光滑的麵團。

6 **加入副材料**
加入葡萄乾、切碎的核桃、柳橙皮，然後均勻攪拌。

7 **裝盤・烘烤**
放在烤箱盤上，利用湯匙將麵團攤開，將湯匙背面沾一點水攤開麵團的話，麵團就不會附著在湯匙上，放進預熱為160℃的烤箱中烤25分鐘。

利用綜合蔬菜汁輕易製作的
蔬菜脆餅

利用長條尺如同畫圖般地剪裁麵團，利用打孔輪在桿平的麵團上刺出氣孔，
沿著線進行剪裁，然後放進烤箱中烤，
如此一來，在家也可以像專家一樣製作出美味的餅乾。
使用剪裁披薩時使用的圓形刀就可以輕易地剪裁麵團。

Time table ● 製作蔬菜脆餅的預期需要時間是1小時5分鐘。

準備材料10分鐘　製作麵團10分鐘　　成形15分鐘　　　　　　　烘烤30分鐘　　　　　完成

Ingredients ●

高筋麵粉 200g

楓糖 30g

天日鹽 2g

泡打粉 3g

菜籽油 50g

蔬菜汁 75ml

How to make ●

1 製作麵團
將泡打粉、鹽巴和楓糖加入麵粉中攪拌。

2 加入蔬菜汁和菜籽油。

3 利用飯匙把材料均勻攪拌。

4 均勻攪拌好之後，倒在工作桌上用手搓揉。

5 成形
利用桿麵棍桿平。

6 利用打孔輪刺出氣孔，倘若沒有打孔輪就利用叉子。

7 剪裁
利用直尺維持一定的間隔進行剪裁。

8 烘烤
在烤箱盤上鋪上烤盤紙，將麵團維持一定間隔擺上，接著放進預熱為170～180℃的烤箱中烤20分鐘。

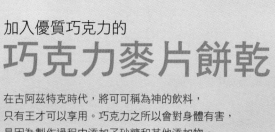

加入優質巧克力的
巧克力麥片餅乾

在古阿茲特克時代，將可可稱為神的飲料，
只有王才可以享用。巧克力之所以會對身體有害，
是因為製作過程中添加了砂糖和其他添加物。
由於這是一種有70%以上是品質好的可可的高級巧克力，
製作成餅乾的話，似乎就會讓人難以放棄巧克力。

Time table ● 製作巧克力麥片餅乾的預期需要時間是55分鐘。

準備材料10分鐘　製作麵團10分鐘　　成形15分鐘　　　烘烤20分鐘　　　　　完成

Ingredients ●
粗全麥粉　180g
麥片　100g
可可亞粉　40g
黑砂糖　60g
天日鹽　2g
小蘇打　3g
向日葵籽油　80g
牛奶　120g
巧克力碎片　80g

How to make ●

1 製作麵團
將粗全麥粉、麥片、可可亞粉、黑砂糖和小蘇打加入容器中攪拌。

2 將鹽巴加入牛奶當中，並利用攪拌器攪拌，接著倒入①中。

3 加入向日葵籽油，利用飯匙攪拌。

4 將麵團倒入工作桌面上，加入巧克力碎片，然後均勻搓揉。

5 用手搓揉讓其成塊狀。

6 成形
利用桿麵棍將麵團桿成1公分左右的厚度。

7 剪裁
用尺衡量，將邊緣剪裁掉，接著剪裁成棒狀形。

8 烘烤
以一定的間隔放在烤箱盤上，接著放進預熱為170℃的烤箱中烤20分鐘。

如同沾豆粉的糯米糕一樣香濃的
豆粉酥餅

這是一種利用對身體有益的豆子製作成的餅乾，
酥脆的質感無論大人或小孩都會喜歡，
用手將麵團一一撕成小塊狀，搓揉後放進烤箱中，
如此一來就可製作出金字塔型的餅乾。

Time table ● 製作豆粉酥餅的預期需要時間是1小時5分鐘。

準備材料10分鐘　製作麵團15分鐘　　成形15分鐘　　　烘烤20分鐘　　　沾粉5分鐘 完成

Ingredients ●

高筋麵粉 100g
純米粉 80g
豆粉 60g
桂皮粉 3g
天日鹽 2g
楓糖 80g
豆奶 90g
無鹽奶油(常溫) 100g

沾粉
豆粉 50g
楓糖 50g

How to make ●

1 製作麵團
將米粉、豆粉、桂皮粉和鹽巴加入容器中攪拌。

2
將放在常溫下的無鹽奶油放進另一個容器中，接著利用攪拌器攪拌，混入楓糖攪拌後，稍微加入一些豆奶，持續攪拌讓它呈現黏稠狀。

3
將黏稠狀態的②加入①的粉末中。

4 攪拌
利用飯匙大概攪拌之後，倒在工作桌上，用手施力搓揉攪拌。

5 成形
將麵團捲成細長狀。

6
如同拔下年糕麵團一般，一塊塊地剝下來，然後放在烤箱盤上。

7 烘烤
以一定的間隔放在烤箱盤上，接著放進預熱為180℃的烤箱中烤20分鐘。

8 沾豆粉
烤好的餅乾在溫熱狀態時就要沾豆粉和楓糖混成的沾粉，餅乾要熱才容易讓粉末附著，放進容器中一下子就取出。

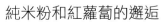

純米粉和紅蘿蔔的邂逅

紅蘿蔔檸檬米餅乾

製作餅乾時，要讓它不會產生麩質，
唯有呈現粗糙狀，餅乾才會更加酥脆。
麵粉使用低筋麵粉，由於米粉沒有麩質，容易運用在製作餅乾。
試著添加紅蘿蔔製作酥脆的米餅乾。

Time table ● 製作紅蘿蔔檸檬米餅乾的預期需要時間是1小時30分鐘。

準備材料10分鐘　　製作麵團15分鐘　　　成形15分鐘　　　　烘烤30分鐘　　完成

Ingredients ●

純米粉 200g
泡打粉 20g
搗碎的紅蘿蔔 100g
豆奶 60g
橄欖油 60g
楓樹糖漿 60g
天日鹽 3g
搗碎的檸檬皮 1顆的份量

How to make ●

1 將粉末混合
將米粉、泡打粉和鹽巴加入容器中攪拌。

2 混入紅蘿蔔
加入搗碎的紅蘿蔔，然後輕輕地攪拌。

3 製作麵團
將豆奶、楓樹糖漿、橄欖油和搗碎的檸檬皮加入②中。

4 利用飯匙均勻攪拌後，將麵團倒在工作桌上，用手搓揉。

5 成形
利用桿麵棍桿平。

6 讓心型模沾粉，然後印出心型的麵團。

7 烘烤
以一定的間隔放在烤箱盤上，接著放進預熱為170℃的烤箱中烤30分鐘。

添加對皮膚很好的米糠
葡萄乾米糠餅乾

米糠是玄米碾磨成白米時產生的米的種皮，
對皮膚的益處甚至讓它被當作化妝品的材料使用，
特別是它具有卓越的美白效果，被強烈推薦是美女的健康零食。

Time table ● 製作葡萄乾米糠餅乾的預期需要時間是1小時5分鐘。

準備材料10分鐘　　製作麵團15分鐘　　成形‧裝盤15分鐘　　烘烤25分鐘　　完成

Ingredients ●

純米粉　200g
米糠　40g
葡萄乾　60g
椰子粉　40g
小蘇打　5g
天日鹽　2g
油菜籽油　80g
蘋果汁　170g
裝飾用椰子粉　適量

How to make ●

1 **製作麵團**
將米粉、米糠、椰子粉、小蘇打和鹽巴加入容器中攪拌。

2 將葡萄乾切碎加入①中，接著加入蘋果汁、油菜籽油，利用飯匙攪拌。

3 麵團逐漸黏在一起後，倒在工作桌上。

4 用手施力搓揉。

5 **成形**
將揉成一團的麵團一塊塊撕下，搓揉成湯圓狀。

6 放進裝有椰子粉的容器中滾。

7 放在烤箱盤上，接著用手施力壓，將它壓成扁平狀。

8 **烘烤**
排列在烤箱盤中，接著放進預熱為160℃的烤箱中烤25分鐘。

視而不吃可是會變老的喔！

紅棗米餅乾

紅棗具有大量的抗酸化物質，其他營養也很豐富，
所以古人說看到紅棗卻不吃，很容易會變老的！
利用紅棗乾混入米粉和米糠中，製作出甜美且酥脆的餅乾，
是無聊時可以放在一旁享用的健康食品。

Time table ● 製作紅棗米餅乾的預期需要時間是55分鐘。

準備材料10分鐘　　製作麵團15分鐘　　成形15分鐘　　烘烤15分鐘　　完成

Ingredients ●

純米粉 80g
米糠 20g
紅棗 20顆
肉桂粉 3g
小蘇打 4g
天日鹽 1g
油菜籽油 40g
蘋果汁 70g

How to make ●

1 將紅棗去籽且均勻
搗碎。

2 **製作麵團**
將米糠、肉桂粉、小
蘇打和鹽巴加入米粉
中攪拌。

3 將搗碎的紅棗、油菜籽油和蘋果汁加入②，利
用飯匙攪拌。

4 將鬆散的麵團放在
工作桌上搓揉成塊狀
為止，倘若水分不足
的話，加入些許的蘋
果汁來調整濃度。

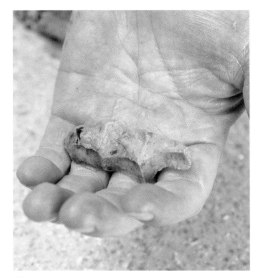

5 **成形**
利用手撕下一塊塊的麵團，然後在麵團上留下
手印。

6 **烘烤**
排列在烤箱盤上，放
進預熱為160℃的烤
箱中烤15分鐘。

散發濃濃咖哩香，口感酥脆的餅乾
米咖哩脆片

將利用米製作的麵團桿薄，經過油炸後，加入黃色咖哩粉和竹鹽攪拌，
是一種微鹹、香濃會讓人忍不住不停地伸手拿來吃的餅乾，
要將麵團桿薄且經過油炸，如此一來酥脆感才會長久維持。

Time table ● 製作米咖哩脆片的預期需要時間是55分鐘。

準備材料10分鐘　製作麵團15分鐘　　成形15分鐘　　油炸10分鐘　調味5分鐘　完成

Ingredients ●

純米粉 120g
玉蜀黍粉 50g
澱粉 30g
水 140g
油炸油 適量
咖哩粉 適量
竹鹽 適量

How to make ●

1 **製作麵團**
將玉蜀黍粉和澱粉混入米粉中。

2 倒入水，利用飯匙稍微攪拌後，倒在工作桌上，接著用力壓讓它成塊狀。

3 **桿**
另外撒上粉末，經過多次攪拌搓揉後，利用塑膠袋覆蓋麵團，接著用桿麵棍桿平。

4 由於麵團要薄才會酥脆，盡可能將它桿薄，桿麵團時只要利用塑膠袋就會更加輕易。

5 **剪裁**
利用打孔輪或叉子在桿薄的麵團上刺出氣孔，用尺橫切成四方形。

6 再次以對角線橫切，讓它成為三角形。

7 **油炸**
使用低溫油炸，接著撈起去油。

8 **調味**
在餅乾還溫熱的狀態下，均勻撒上咖哩粉和竹鹽混合而成的粉末與攪拌。

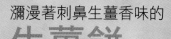

瀰漫著刺鼻生薑香味的
生薑餅

這是添加搗碎的生薑讓它散發香味，
同時利用粗糙的粗全麥粉與麥片製作成的健康餅乾，
用刀裁切桿薄的麵團，不需要特殊的技巧就能製作成的樸素餅乾，
倘若想要甜一點的話，將蜂蜜稀釋後稍微塗抹上來烤即可。

Time table ● 製作生薑餅的預期需要時間是1小時10分鐘。

準備材料10分鐘　製作麵團15分鐘　　成形·裝盤15分鐘　　　烘烤30分鐘　　　完成

Ingredients ●

粗全麥粉　175g
麥片　75g
搗碎的生薑　20g
桂皮粉　2g
肉豆蔻粉　1g
天日鹽　2g
楓糖　40g
水　60g
菜籽油　50g

How to make ●

1 製作麵團
將粗全麥粉、麥片、搗碎的生薑、鹽巴、桂皮粉、肉豆蔻粉和楓糖等材料加入容器中攪拌。

2 將水和菜籽油倒入①中，利用飯匙攪拌均勻。

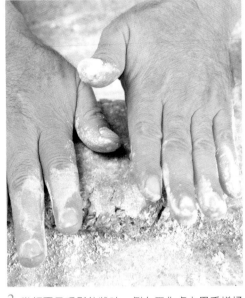

3 當麵團呈現鬆軟狀時，倒在工作桌上用手搓揉成凝結成塊狀為止。

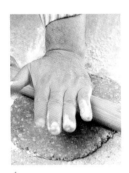

4 成形
利用桿麵棍桿薄，厚度大約0.4～0.5公分。

5 用尺對準，利用滾輪裁切。

6 裝盤
擺上烤箱盤，維持一定的間隔。

7 烘烤
利用叉子刺三、四次，接著放進預熱為170℃的烤箱中烤30分鐘。

由於不甜、瀰漫一股香味，讓人一口接一口的
芝麻餅

沒有添加白色粉末，加入粗全麥粉、芝麻、黑砂糖等製作而成的黑色餅乾，
雖然顏色絲毫不華麗，但卻是可以安心食用的手工烘培健康餅乾。

準備材料10分鐘　　製作麵團15分鐘　　成形‧裝盤15分鐘　　　　　烘烤20分鐘　　　　　完成

Ingredients ●

粗全麥粉　150g
芝麻　15g
搗碎的芝麻　10g
天日鹽　3g
橄欖油　75g
黑砂糖　30g
水　40g

How to make ●

1 製作麵團
將搗碎的芝麻、黑砂糖、鹽巴和芝麻加入粗全麥粉中攪拌。

2 將橄欖油和水加入①中，利用飯匙攪拌。

3 麵團大致上都凝結成塊時，倒在工作桌上用手施力搓揉三、四次。

4 成形
撒上足夠的粉（粗全麥粉），用桿麵棍桿薄。

5 用尺測量，切成一定程度的大小。

7 烘烤
排列在烤箱盤上，放進預熱170℃的烤箱中烤20分鐘。

即使沒有砂糖，也不會讓人感到不足的
無糖黑豆餅

豆粉的香味瀰漫整個嘴裡的無糖餅乾，
對頭髮健康有益處的黑豆不會有讓人變胖的憂慮，
加入餅乾中可以安心食用。只要烤得厚一點，
光是吃下一塊就讓人有飽足感，可以推薦當作餐點來食用。

Time table ● 製作無糖黑豆餅的預期需要時間是1小時5分鐘。

準備材料10分鐘　　製作麵團10分鐘　　　成形15分鐘　　　　　烘烤30分鐘　　　完成

Ingredients ●

黑豆粉　100g
純米粉　100g
雞蛋　2顆
天日鹽　3g
菜籽油　60g
豆奶　50~60g

How to make ●

1　**製作麵團**
將黑豆粉加入容器中攪拌。

2　將雞蛋倒入容器當中，接著加入鹽巴、菜籽油和豆奶攪拌。

3　將①的粉末加入②中，利用塑膠飯匙攪拌。

4　將米粉撒在工作桌上，取出麵團用手搓揉三、四次。

5　**成形**
利用桿麵棍將麵團製作成四方形，將厚度桿成1公分。

6　利用打孔輪在表層刺出氣孔。

7　將邊緣裁切掉，裁切成2公分大小的長條麵團。

8　**烘烤**
將零碎的麵團聚集起來一起烘烤，放在烤箱盤上，接著放進預熱為180℃的烤箱中烤20分鐘。

可以當作早餐食用的
禪食餅

試著運用每個家庭經常用來當作早餐的穀類製作成餅乾，
加入足夠的穀物粉，利用煉乳增添其味道，是一種不會甜膩的餅乾。
一個個裝入塑膠袋中，以備不時之需，早晨倘若忙碌無暇準備早餐的話，
可以利用此一餅乾來代替早餐。

準備材料10分鐘　製作麵團10分鐘　　　　成形15分鐘　　　　　　烘烤20～30分鐘　　　完成

Ingredients ●

高筋麵粉 100g

穀類粉 200g

泡打粉 10g

雞蛋 1顆

煉乳 80g

向日葵籽油 100g

牛奶 250g

裝飾用牛奶 些許

裝飾用松子 適量

How to make ●

1 製作麵團

將穀類粉、麵粉、泡打粉加入容器中，接著用手攪拌。

2 將雞蛋倒進另一個容器中，接著加入煉乳攪拌。

3 將向日葵籽油倒進②中，混入牛奶，要稍微留一點牛奶，藉此調整濃度。

4 將①的粉加入③當中，利用飯匙攪拌，水分不足的話，就將剩下的牛奶倒進去。

5 倒在工作桌上搓揉讓它變成塊狀。

6 裝盤

一一撕下小塊的麵團，搓揉後放在烤箱盤上，接著用手掌施力壓。

7 利用刷子在表層塗抹一些牛奶，擺上幾個松子輕輕壓一下。

8 烘烤

放進預熱為170℃的烤箱中烤25～30分鐘。

這不是番薯！
番薯餅

這是一種將煮過的番薯添加入麵團、
外皮沾紫色番薯粉製作成的番薯形狀的餅乾，
放進烤箱中烤後，就會散發一股烤番薯的香味，
是縮小版的番薯，不僅外觀有趣、味道也很棒，
所以相當值得推薦和小朋友一起製作。

Time table ● 製作番薯餅的預期需要時間是55分鐘。

準備材料10分鐘　製作麵團10分鐘　　　成形15分鐘　　　　烘烤20分鐘　　完成

Ingredients ●

煮過的番薯　100g
高筋麵粉　150g
泡打粉　5g
無鹽奶油(常溫)　50g
蜂蜜　50g
雞蛋　1/2顆
天日鹽　2g
紫色番薯粉　適量

How to make ●

1　製作麵團
用攪拌器將奶油攪拌
柔軟一點，依序加入
蜂蜜、雞蛋和鹽巴攪
拌，充分攪拌讓雞蛋
和奶油不至於分離。

2　加入煮過的番薯，
利用攪拌器搗碎均勻
攪拌。

3　將泡打粉混入麵粉
中，接著加入②中，
利用飯匙攪拌。

4　在工作桌上充分撒
上粉末，接著將麵團
倒在工作桌上。

5　拍打麵團摺起來，
然後搓揉成塊狀。

6　成形
搓成圓形，沾上紫色番薯粉。

7　將麵團一一搓成長
條狀，利用叉子刺出
幾個氣孔，再沾一次
紫色番薯粉。

8　裝盤‧烘培
擺在烤箱盤上，維持
一定的間隔，接著放
進預熱為180℃的烤
箱中烘烤20分鐘。

添加近來被視為健康食品的紫色番薯
紫色番薯甜菜餅

這是一種將煮過的紫色番薯搗碎加入麵團中製作成的餅乾，
黑芝麻和番薯融合在一起，所以顯得相當香甜。
看起來就像是加入水果一般，每一處都看得見紫色番薯，讓人食指大動，
由於這個餅乾和奶油乳酪相當搭，所以也可以搭配來食用。

Time table ● 製作紫色番薯甜菜餅的預期需要時間是1小時。

準備材料10分鐘　製作麵團10分鐘　　　成形15分鐘　　　　　　烘烤25分鐘　　　完成

Ingredients ●

煮過的紫色番薯 200g
高筋麵粉 200g
泡打粉 5g
龍舌蘭草蜜 50g
天日鹽 2g
菜籽油 100g
豆奶 80g
炒過的黑芝麻 10g

How to make ●

1 製作麵團
用手搓揉煮過的紫色麵團，且適當捏碎，加入鹽巴和龍舌蘭草蜜攪拌。

2 加入豆奶和菜籽油後，用攪拌器攪拌，稍微留下一點豆奶，藉此調整麵團濃度。

3 加入黑芝麻攪拌。

4 將泡打粉混入麵粉中，接著倒入③中利用飯匙攪拌。

5 將粉末撒在工作桌上，接著將麵團倒在工作桌上，將它搓揉成塊狀。

6 成形
使用桿麵棍將麵團桿薄，之後利用打孔輪刺出洞。

7 一邊用尺量，同時剪裁成3x4公分的大小。

8 裝盤・烘烤
維持一定的間隔放在烤箱盤上，放進預熱為160℃的烤箱中烤25分鐘。

Baking tip ●

利用攪拌機攪拌
製作餅乾或蛋糕時，倘若利用攪拌機，就可以有效地進行攪拌，倘若有像番薯或南瓜等需要搗碎加入的材料，當水和油性成分混在一起時使用攪拌機的話，就可以將顆粒均勻粉碎，製作麵團時就會比較容易。將需要搗碎混入的材料全都加入攪拌機中，全部一起攪拌後倒進容器中和粉末攪拌。

酥脆的南瓜餅乾
冬南瓜瓦片餅

這是一種將南瓜煮過搗碎，放入鍋子中攤開，
然後像仙貝一樣壓薄進行烘烤的餅乾，
趁餅乾冷卻之前用圓板或棒子壓上讓它呈現彎曲狀，
在冷卻的同時，它就會呈現彎曲狀，
而這種形狀的餅乾則稱為瓦片，
也適合當作禮物送給他人。

Time table ● 製作冬南瓜瓦片餅的預期需要時間是1小時。

準備材料10分鐘　　製作麵團10分鐘　　成形15分鐘　　烘烤25分鐘　　完成

Ingredients ●

煮過的冬南瓜 200g
楓糖 50g
雞蛋 1顆
豆奶 50g
粗全麥麵粉 100g
桂皮粉 3g
南瓜籽 30g

How to make ●

1 **製作麵團**
將煮過的冬南瓜加入
容器中，接著利用攪
拌器攪拌。

2 加入楓糖持續用攪
拌器攪拌。

3 加入雞蛋，接著混
入豆奶，目前為止的
材料也可以全都倒進
攪拌機中攪拌。

4 將桂皮粉混入粗全
麥麵粉。

5 將④加入③中，利
用飯匙攪拌。

6 **加入副材料**
加入南瓜籽。

7 **裝盤**
利用湯匙舀起麵團，
放置烤箱盤中讓它呈
現扁圓狀。

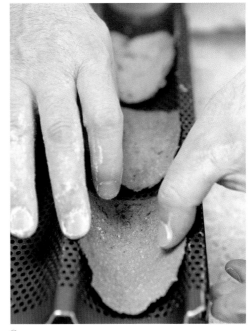

8 **烘烤**
放進預熱為160℃的烤箱中烤25分鐘，取出立刻
放在圓板上，讓它呈現彎曲狀，直到冷卻為止。

感受得到全麥粗糙自然風味的
穀物餅乾棒

添加粗全麥和黑砂糖,雖然看起來黑又粗糙,
但是味道香甜,所以小朋友都很喜歡。
因為烘烤前添加很多奶油,奶油很可能會往旁邊流,
所以要保持一定的間隔烤。

Time table ● 製作穀物餅乾棒的預期需要時間是1小時15分鐘。

準備材料10分鐘　製作麵團10分鐘　　成形15分鐘　　　　　烘烤40分鐘　　　完成

Ingredients ●

製作麵包用米粉　100g

粗全麥麵粉　150g

無鹽奶油(常溫)　80g

豆奶　20g

黑砂糖　50g

天日鹽　2g

How to make ●

1 **製作麵團**
利用攪拌器將奶油攪拌柔軟。

2 加入鹽巴攪拌，接著加入黑砂糖和牛奶利用攪拌器攪拌。

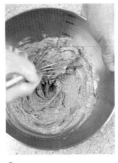

3 充分攪拌直到黑砂糖融化為止。

4 將粗全麥粉和米粉加入③中，利用飯匙攪拌。

5 在工作桌面撒上粉末，取出麵團搓揉成一團，接著用桿麵棍桿成扁平狀。

6 **成形**
一邊利用尺，同時將麵團剪裁成一定的體積。

7 **裝盤・烘烤**
保持一定間隔擺在烤箱盤中，放進預熱為140℃的烤箱中烤40分鐘。

材料費用不會讓人感到可惜的手工烘培乾糧棒
營養補充棒

試著在家裡製作被當作健康食品且深受歡迎的乾糧棒，
添加各種穀物、堅果類、水果乾，雖然材料費用不少，
但營養價值和誠意卻是市面上任何一種產品都無法比較的。
模仿和江米條類似的法國傳統餅乾，在烤箱中烤過一次會顯得更加高級。

Time table ● 製作營養補充棒的預期需要時間是1小時50分鐘。

準備材料20分鐘　　　　製作麵團20分鐘　　　　成形10分鐘

烘烤40分鐘　　　　冷卻10分鐘　　　剪裁10分鐘　完成

Ingredients ●

麥片 200g
榛子 50g
切碎的核桃 70g
開心果 30g
蔓越莓 50g
切碎的半乾燥無花果
50g
葡萄乾 30g
柳橙皮 50g
檸檬皮 30g
桂皮粉 3g
粗全麥粉 100g
蜂蜜 100g
澱粉糖漿 100g
無鹽奶油 100g
蘭姆酒 50g
粗麥粉semolina 適量
（義大利麵專用麵粉，
參考195頁）

How to make ●

1 將麥片、碎核桃、開心果、蔓越莓、無花果、葡萄乾、柳橙皮、榛子和檸檬皮混入容器中，接著加入粗全麥粉和桂皮粉均勻攪拌。

2 將澱粉糖漿、蜂蜜和奶油倒入鍋裡煮。

3 奶油融化，煮2～3分鐘後加入蘭姆酒。

4 將①加入③中，利用飯匙攪拌。

5 將麵團倒在工作桌上，利用切刀切成一半，同時讓麵團呈現長方形。

6 均勻沾過粗麥粉，然後放在烤箱盤中。

7 烘烤
在表層充分地撒上粗麥粉，放進預熱為160℃的烤箱中烤40分鐘。

8 全都烤好之後，取出放置冷卻，然後依照自己喜好切成適當的大小。

66 讓麵包膨脹的方法有相當多種，
其中，發酵是最普遍的方法，但卻需要豐富的經驗，
因此，在此介紹任何人都可以輕易嘗試的方法。
使用泡打粉和小蘇打的話，由於不會發酵，
不僅可以縮短製作時間，同時味道不輸給發酵的麵包，
相當具有特色。就算沒有經歷發酵過程，
也可以依照自己的喜好添加雜穀、豆腐、水果和蔬菜等來製作 99

如同蛋糕一樣
不會發酵的麵包

cake bread

麥芽粉麵包
穀物麵包
菜豆蕎麥麵包
黑芝麻豆奶麵包
蜂蜜生薑麵包
豆腐檸檬麵包
蓮藕麵包
香蕉無花果蘇打麵包
黑穀物司康餅

外層酥脆，內層呈現美味可口的褐色的
麥芽粉麵包

這是一種均勻加入粗全麥粉、麥芽粉、
黑砂糖等散發黑色光芒食材、
光是外觀看起來就讓人覺得相當養生的麵包。
由於沒有發酵，只要1小時左右就可以完成麵包，
適合時間不夠或對發酵沒有自信時製作。

Ingredients ●

高筋麵粉 150g
粗全麥粉 60g
麥芽粉 40g
黑砂糖 50g
天日鹽 3g
泡打粉 10g
雞蛋 1個
蛋黃 1個
優格 100g
豆奶 40~50g

泡打粉・小蘇打
不用發酵的麵包核心技巧就在於
泡打粉和小蘇打，這兩種材料都
扮演著讓麵團膨脹的作用，和酵
母不同，只要觸碰到水就會立刻
產生反應，因此，麵團製作好後
不要放置太久，要立刻烘烤。泡
打粉會給予往上膨脹的力量，小
蘇打則是往旁邊膨脹的力量。

Time table ● 製作麥芽粉麵包的預期需要時間是1小時10分鐘。

準備材料15分鐘　　　　　　製作麵團10分鐘　　　成形5分鐘

How to make ●

1 **製作麵團**
將麵粉、粗全麥粉和麥芽粉加入容器中。

2 用手均勻攪拌。

3 加入黑砂糖和鹽巴後，再利用粉末稍微覆蓋，最後加入泡打粉。

4 再次用手攪拌均勻為止。

5 將雞蛋、蛋黃、優格、牛奶加入其他容器，稍微留下一點牛奶，視麵團的濃度來斟酌量的多寡。

6 利用飯匙攪拌，讓雞蛋均勻融入。

7 將⑥的液體倒入④的粉末中。

烘烤35～40分鐘 　　　　　　　　　　　　　　　　　完成

8 利用木頭飯匙開始攪拌。

9 施力攪拌直到粉末都均勻融入，麵團呈現光滑狀為止。

10 **搓揉麵團**
在工作桌撒上足夠的粉末（粗全麥粉），接著將麵團放在工作桌上。

11 利用切刀將粉末往麵團撒，讓麵團均勻沾上粉末。

12 利用手摺麵團，同時用力搓揉。

13 **成形**
將麵團滾過，充分沾上粗全麥粉，接著放上烤箱盤。

14 **烘烤**
用刀在麵團表面劃十字，然後放進預熱為180～190℃的烤箱中烘烤約35～40分鐘，接著再用竹籤刺過，倘若沒有沾到任何物質，就表示已經烤好了。

Baking tip ●

麵團要迅速地製作
沒有發酵的麵包由於在麵團中加入泡打粉，麵團長時間搓揉的話，在烤箱中膨脹的力量就會減弱。再加上由於麵團是柔軟的狀態，搓揉時間太久的話，很可能會散開。沾粉末且讓它成形的過程盡可能要迅速。

利用混合雜穀輕鬆製作成的
穀物麵包

近來流行養生，比起白色麵包，
考慮到營養因素而選擇雜糧麵包的人相當多，
利用進行前置處理且浸泡在水中會變得更柔軟的混合雜糧，
就算是新手也可以輕易製作健康麵包。

Time table ● 製作穀物麵包的預期需要時間是1小時15分鐘。

準備材料15分鐘　製作麵團5分鐘　成形5分鐘　　　烘烤35～40分鐘　　　完成

Ingredients ●

高筋麵粉　150g
粗全麥粉　30g
浸泡過的混合穀物　70g
蜂糖　50g
天日鹽　3g
泡打粉　10g
雞蛋　1顆
橄欖油　50g
牛奶　50g
麥片　適量

How to make ●

1 製作麵團
將粗全麥粉、浸泡過
的穀物、楓糖和鹽巴
加入麵粉中，在不和
其他材料接觸的狀態
下加入泡打粉。

2 除了浸泡過的穀物
和砂糖，其餘材料要
先攪拌混合，因為泡
打粉觸碰到水或砂糖
就會立刻產生化學反
應。

3 將雞蛋、橄欖油和
牛奶加入容器中，利
用攪拌器攪拌。

4 將③倒入②當中。

5 利用飯匙攪拌均勻
為止。

6 成形
將麥片倒在工作桌面
上，放上麵團後讓它
均勻沾上麥片，接著
用手輕輕地畫圓。

7 烘烤
將麵團放在烤箱盤上，
接著放進預熱為180～
190℃的烤箱中烤35～
40分鐘。

利用豆子補充蕎麥中不足的蛋白質

菜豆蕎麥麵包

由於蕎麥沒有韌性，製作成麵條很容易就會斷，
製作麵包時也同樣如此，蕎麥要混合麵粉來製作才行，
菜豆則會補充蕎麥中不足的蛋白質。

Time table ● 製作菜豆蕎麥麵包的預期需要時間是1小時5分鐘。

準備材料15分鐘　製作麵團5分鐘　成形5分鐘　　　　烘烤35～40分鐘　　　　完成

Ingredients ●

高筋麵粉　150g
蕎麥粉　60g
黑豆　40g
楓糖　50g
天日鹽　3g
泡打粉　10g
雞蛋　1顆
優格　100g
豆奶　70g
醃漬過的菜豆　150g

How to make ●

1　製作麵團
將麵粉、蕎麥粉、黑豆粉、楓糖和鹽巴倒入容器中攪拌。

2 加入泡打粉混合。

3 將豆奶、優格和雞蛋混入其他容器中，然後倒進②中。

4 利用飯匙攪拌。

5 在粉末撒在工作桌上，然後將麵團倒在上面。

6　加入副材料
沾粉末，充分搓揉後，適當地攤開加入菜豆。

7　成形
摺過三、四次，均勻混合後製作成橢圓形狀，接著放在烤箱盤上。

8　烘烤
用刀在麵團中間劃下一刀，放進預熱為180～190℃的烤箱中烤35～40分鐘。

瀰漫香噴噴的芝麻味的
黑芝麻豆奶麵包

均勻加入黑芝麻的長條狀麵包，只要切塊搭配牛奶或豆奶食用，
可以當作毫不遜色的早餐或點心食用。
無論是口感或味道都很香，大人小孩都喜愛。

Time table ● 製作黑芝麻豆奶麵包的預期需要時間是1小時5分鐘。

準備材料15分鐘　製作麵團5分鐘　成形5分鐘　　烘烤35～40分鐘　　完成

Ingredients ●

高筋麵粉 200g
搗碎的黑芝麻 50g
黑砂糖 50g
天日鹽 3g
泡打粉 10g
黑芝麻 20g
向日葵籽 50g
豆奶 140g

How to make ●

1　製作麵團
將麵粉、搗碎的黑芝麻、黑砂糖和鹽巴加入容器中攪拌。

2 加入泡打粉攪拌後，接著加入黑芝麻攪拌。

3 將向日葵籽混入豆奶，接著倒進②中。

4 利用木頭飯匙施力攪拌。

5 在工作桌面撒上粉末，接著將麵團倒上去搓揉三、四次。

6　成形
製作成長條狀，放進烤箱盤中。

7　烘烤
每隔1～2公分便劃上一刀，接著放進預熱為180～190℃的烤箱中烤35～40分鐘，利用竹籤刺，倘若沒有沾到任何物質就表示已經烤熟了。

辣味一掃而空，只留下淡淡香味的

蜂蜜生薑麵包

生薑不僅會促進消化，對於預防大腸癌的功效也是眾所皆知，
經常感到脹氣的人只要食用生薑，
就可以讓腸胃趨向穩定，也合適搭配蜂蜜食用！

Ingredients ●

高筋麵粉 185g

黑麥粉 65g

泡打粉 10g

搗碎的生薑 10g

雞蛋 1個

蛋黃 1個

蜂蜜 60g

楓樹糖漿 5g

天日鹽 2g

鄉村乳酪 60g

橄欖油 40g

牛奶 100g

生薑

生薑當中含有會散發辣味
的薑辣素（gingerol），有
助於消化，同時可以預防
便秘。特別是會促進腸胃
運動，具有防止腸內害菌繁殖，預防大腸癌的效果。
生薑雖然可以生吃，但由於會對腸胃造成刺激，腸胃
差的人最好煮熟後在食用。泡過砂糖的生薑或曬乾製
作成的薑片等具有相同的效果。

準備材料15分鐘　製作麵團5分鐘　成形5分鐘　　　　烘烤35分鐘　　　完成

How to make ●

1 將麵粉、黑麥粉、泡打粉加入容器中，用手攪拌。

2 將雞蛋、蛋黃、鹽巴、搗碎的生薑、蜂蜜、楓樹糖漿、橄欖油、牛奶和鄉村乳酪倒進其他容器中。

3 利用攪拌器搗碎乳酪攪拌。

4 將③倒進①中，利用飯匙攪拌。

5 **裝盤**
將麵團放入塗抹油的模中。

6 **烘烤**
將塑膠飯匙沾水修飾麵團表層，放進預熱為180℃的烤箱中烤35分鐘。

Baking tip ●

利用竹籤確認是否已經熟了
沒有發酵的麵包較薄，不會產生褶皺，利用竹籤確認烤箱中的麵包，倘若沒有沾到任何物質的話，就表示已經熟了。

在家可以製作的最簡單的乳酪
製作鄉村乳酪
(cottage cheese)

在牛奶中加入酸，讓它凝固後，只過濾塊狀的部分，
製作成的就稱為鄉村乳酪，它像豆腐一樣柔軟與易碎，
雖然在市面上就購買得到，但只要有牛奶和檸檬，
在家也可以輕易製作，幾天內就可以立刻使用。

Ingredients ●

牛奶 500g
檸檬汁 1/2顆的份量

How to make ●

完全去除水分的話，就可以完成柔軟的鄉村乳酪。

1 將牛奶倒進鍋子裡
煮。

2 牛奶煮沸後，加入
檸檬汁且關火。

3 利用攪拌器攪拌，
等待牛奶凝結。

4 牛奶凝結後，在篩網鋪上棉布，將③倒進去。

5 稍微等一下，等水
全都流失後，就會剩
下白色塊狀物而已。

6 將牛奶塊蓋上布包
覆，在上面放置重物
去除水分。

豆腐和檸檬的獨特相遇
豆腐檸檬麵包

檸檬香和麵包相當融洽，
添加豆腐製作成的麵包中如果加入檸檬和搗碎的檸檬皮，
就可以覆蓋住豆子散發著腥味。

Time table ● 製作豆腐檸檬麵包的預期需要時間是1小時。

準備材料15分鐘　製作麵團5分鐘　成形5分鐘　　　　　　烘烤35分鐘　　　　完成

Ingredients ●

高筋麵粉　150g
製作麵包用的米粉　50g
泡打粉　10g
雞蛋　1顆
天日鹽　1.5g
有機砂糖　40g
檸檬汁・檸檬皮
1顆的份量
除去水分的豆腐　200g
菜籽油　25g
牛奶　50g

How to make ●

1 搗碎豆腐
先將豆腐加入容器，
利用攪拌器搗碎。

2 製作麵團
將砂糖混入①中，加
入搗碎的檸檬皮後開
始攪拌。

3 依序加入雞蛋、鹽
巴和菜籽油攪拌。

4 最後加入牛奶攪拌。

5 將米粉和泡打粉混
入麵粉中，接著倒進
⑥中。

6 利用飯匙均勻攪拌。

7 裝盤・烘培
將麵團全都倒進模裡
面，將表層修飾後，
再放進預熱為180℃
的烤箱中烤35分鐘。

依然保存著酥脆口感的
蓮藕麵包

蓮藕是纖維質豐富的健康食品，
當作裝飾添加入的蓮藕看起來相當美味，是一大視覺享受，
食用此一麵包時，酥脆的咀嚼感也是其魅力之一。

Time table ● 製作蓮藕麵包的預期需要時間是1小時。

準備材料15分鐘　製作麵團5分鐘　成形5分鐘　　　　　烘烤35分鐘　　　　　完成

Ingredients ●

高筋麵粉　160g
麥麩　40g
泡打粉　7g
有機砂糖　50g
雞蛋　1顆
蛋黃　1個
天日鹽　2g
菜籽油　40g
牛奶　90g
切碎的蓮藕　150g
裝飾用蓮藕　5~6塊

How to make ●

1 將雞蛋、蛋黃和鹽巴加入容器中攪拌，接著依序加入砂糖、牛奶和菜籽油攪拌。

2 將麵粉、麥麩、泡打粉加入另一個容器中攪拌，然後倒入①中利用飯匙攪拌。

3 麵團製作好後，加入切碎的蓮藕攪拌。

4 裝盤

將麵團倒進塗抹油的模中，接著將表層修飾平坦。

5 將飯匙放進油中浸泡，接著取出在麵團上央用力劃下，讓它自然而然裂開。

6 烘烤

在表層加入蓮藕切片裝飾，接著放進預熱為180℃的烤箱中烤35分鐘。

充滿甜蜜香味的
香蕉無花果蘇打麵包

由於添加了泡打粉和小蘇打，就算麵團體積小，
只要放進烤箱中烤的話，就會膨脹變大。
加入香蕉和無花果，瀰漫香味且口感香甜，適合任何時候享用。

Time table ● 製作香蕉無花果蘇打麵包的預期需要時間是1小時。

準備材料15分鐘　　製作麵團5分鐘　成形5分鐘　　　　烘烤35分鐘　　　　　完成

Ingredients ●

高筋麵粉　250g
泡打粉　3g
小蘇打　3g
香蕉　100g
雞蛋　1顆
楓糖　50g
天日鹽　2g
牛奶　50g
半乾燥無花果　100g
白酒　50g
（無花果切小塊後浸泡
在白酒中）
裝飾用香蕉　3~4塊

How to make ●

1 搗碎香蕉
將香蕉倒進容器中，
用手搓揉捏碎，也可
放進攪拌機中攪拌。

2 製作麵團
將雞蛋加入①中，利
用攪拌器攪拌後，加
入楓糖和鹽巴攪拌。

3 將牛奶加入②中攪
拌。

4 將泡打粉和小蘇打
混入麵粉中，接著加
入③中用飯匙攪拌。

5 在工作桌面上撒上
粉末，將麵團倒在上
面，接著用切刀讓麵
團呈現圓形狀。

6 加入副材料
將麵團適當地攤開，
用篩網將浸泡在白酒
中的無花果撈起，去
除水分後加入。

7 用切刀摺成一半，
然後均勻攪拌。

7 成形・烘烤
將麵團放在烤箱盤上呈現圓形狀，用刀在表層劃
出十字形，接著用香蕉裝飾，然後放進預熱為
180℃的烤箱中烤35分鐘。

利用風味不同的粉末製作成的
黑穀物司康餅

添加黑豆粉、黑芝麻粉和黑米粉等…
對身體有益處的黑色粉末製作成司康餅，
黑色麵團烤得相當美味，製作的過程也相當有趣，
將最後剩下的零碎麵團聚集起來一起烤。

Ingredients ●

高筋麵粉 100g

黑豆粉 50g

黑芝麻粉 50g

黑米粉 50g

泡打粉 10g

龍舌蘭草蜜 75g

天日鹽 3g

向日葵籽油 80g

雞蛋 1個

優格 80g

黑芝麻 些許

牛奶雞蛋水 些許

*牛奶雞蛋水是利用雞蛋1顆、牛奶100g、水100g
　和些許的鹽巴攪拌製作成的。

黑米粉

這是將黑米均勻絞碎製作成的粉
末，由於不像白米粉一樣含有麩
質，可以單獨利用來製作麵包。
黑米的黑色素是一種叫做花青素
（anthocyanin）的色素，具有抗
酸化效果，其他礦物質（mineral）
也很豐富。和具備麩質的其他粉末混在一起使用。

準備材料15分鐘   製作麵團20分鐘   成形15分鐘

How to make ●

1 **製作麵團**
將雞蛋、優格、龍舌蘭草蜜、鹽巴和向日葵籽油加入容器中攪拌。

2 利用攪拌器攪拌，讓水和油性成分乳化後，讓它呈現黏稠狀態。

3 將麵粉、黑豆粉、黑芝麻粉、黑米粉和泡打粉加入另一個容器中攪拌。

4 將③倒進②中，利用木頭飯匙攪拌成黏稠狀，倘若水分不足的話，就稍微添加一些牛奶。

5 用力攪拌，在工作桌撒上粉末，接著把麵團倒在工作桌上。

6 用手將粉末撒在麵團上搓揉三、四次。

7 **成形**
利用桿麵棍桿成扁平狀。

Baking tip ●

添加入麵團中的油
添加入麵團中的油可以依照情況使用橄欖油或向日葵籽油，每種油都有獨特的香味，但是卻對吃起來的味道沒有太大的影響，也可以混合使用。雖然可以添加奶油（butter）或人造奶油，但是隨著製作麵團的方法不同，添加的方法也不一樣，所以千萬要注意。

烘烤20分鐘　　　　　　　　完成

8 利用桿麵棍拍打邊緣，同時讓它變成四方形。

9 將邊緣切工整，讓麵團呈現直角四角形的形狀。

10 將麵團分兩半，其中一半切成小四角形。

11 另一個切成三角形。

12 將⑨切下剩餘麵團聚集起來，揉成圓形。

13 將揉成圓形的麵團一一切塊放在烤箱盤上。

14 **成形・烘烤**
在表層塗抹牛奶雞蛋，稍微撒上黑芝麻，放進預熱為200℃的烤箱中烘烤20分鐘。

66 添加搗碎的蔬菜製作成的蔬菜麵包從以前開始就深受男女老少喜愛，
最具代表性的就是油炸過製作成的蔬菜卷（Croguette），
而它也是許多人回憶中的食物之一。另外，
近來這一類的麵包也逐漸取代了三明治的地位不是嗎？
考慮到健康因素，試著將各種蔬菜加入麵包中，
一種蔬菜就可以讓麵包更具風味，同時維持營養的均衡。
要不要試著加入足夠的副材料，製作內餡豐富的新風格蔬菜麵包呢？99

 **添加蔬菜的
零食用麵包**
veggie bread

添加了乳酪，香濃且柔軟的
洋蔥捲

添加足夠的洋蔥和乳酪，
麵團在張開的狀態下烘烤，讓內層的材料都一覽無遺，
由於麵團長時間搓揉，呈現褶皺是其特徵。
莫薩里拉乳酪和帕瑪森乳酪讓麵包呈現更豐富的味道。

Ingredients ●

高筋麵粉 190g

黑麥粉 10g

龍舌蘭草蜜 20g

天日鹽 4g

即溶酵母 7g

雞蛋 1個

水 75~80g

無鹽奶油(常溫) 40g

副材料

搗碎的洋蔥 150g

切碎的莫薩里拉乳酪 50g

帕瑪森乳酪粉 10g

橄欖油 些許

天然調味料—龍舌蘭草蜜

近來，代替砂糖使用深受歡迎的龍舌蘭草蜜是萃取生長在墨西哥的龍舌蘭內部的天然液體製作成的。
糖度比砂糖高，但是含有膳食纖維菊糖(inulin)和維他命、氨基酸(amino acid)等營養成分，加上糖指數低，也相當推薦糖尿病患者採用。不同於蜂蜜或楓樹糖漿，它不具備任何香味，添加入麵包中也不會妨礙其他材料的味道。這是一種受美國、日本、瑞士等多個國家認證的有機產品，深受家中有斷奶期小朋友的主婦們喜愛。

Time table ● 製作洋蔥捲的預期需要時間是2小時35分鐘。

準備材料10分鐘　　製作麵團20分鐘　　　　　　第一輪發酵40分鐘

How to make ●

1 **製作麵團**
將黑麥粉、鹽巴和酵母加入麵粉中用手攪拌。

2 加入雞蛋、龍舌蘭草蜜和水，用手施力攪拌。

3 **第一輪發酵**
加入奶油再次搓揉，接著滾成圓形放進容器中，覆蓋上保鮮膜放置40分鐘，讓它進行第一階段發酵。

4 **靜置時間**
發酵完成的話，將麵團取出放置工作桌，滾過後覆蓋上保鮮膜放置10分鐘。

5 **加入副材料**
利用桿麵棍桿薄，用刷子塗抹橄欖油。

6 均勻撒上搗碎的洋蔥，洋蔥是從冰箱取出的，所以是呈現冰冷狀態，加入後會導致發酵時間變長，因此，最好放置常溫下使用。

7 淋上莫薩里拉乳酪和1/2的帕瑪森乳酪粉，剩下的份量則是當作裝飾用。

8 成形
從末端開始將麵團捲
起來。

9 用手將麵團末端摺
起來，讓它密合。

10 利用切刀或刀將
麵團切一半，一邊末
端則留下5公分。

Baking tip ●

倘若加入副材料的話，就會烤更久

洋蔥捲因為洋蔥水分的關係，麵包會不容易
熟，因此要比其他麵包多烤10～15分鐘，像
堅果類或葡萄乾之類乾燥的材料是不會有影
響，倘若是添加具有水分的材料，就要降低
烘烤的溫度長時間進行烘烤。

11 將麵團方面捲起，
讓內餡都外露。

12 接著捲成圓形。

13 第二輪發酵
將麵團裝入紙模中，覆蓋上保鮮膜放置40分鐘，
讓它進行第二階段發酵。

14 烘烤
麵團膨脹的話，發酵
結束撒上剩餘的帕瑪
森乳酪粉，接著放進
預熱為180℃的烤箱
中烘烤20～25分鐘。

非常適合當作營養零食的
栗子鄉村麵包

由於加入了大塊的栗子，
所以顯得更加豐盛和美味。添加調理過的栗子後，
就算不使用果醬也會有適當的甜味，
可以享受美味的麵包。

Time table ● 製作栗子鄉村麵包的預期需要時間是2小時30分鐘。

準備材料10分鐘　　製作麵團20分鐘　　　　　第一輪發酵40分鐘　　　　　靜置時間10分鐘

成形5分鐘　　　　第二輪發酵40分鐘　　　　　烘烤25分鐘　　　　　完成

Ingredients ●

高筋麵粉 175g
黑麥粉 75g
即溶酵母 6~7g
天日鹽 5g
蜂蜜 5g
水 160~170g
栗子(料理過的栗子) 150g
牛奶雞蛋 些許

How to make ●

1 製作麵團
將蜂蜜倒進水中攪拌。

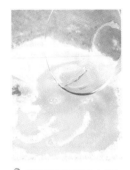

2 將酵母和鹽巴在互相不觸碰到的情況下加入麵粉和黑麥粉中攪拌,接著將①的蜂蜜水倒入。

3 從中間往邊緣均勻攪拌,連續20分鐘施力搓揉。

4 第一輪發酵
將麵團滾過後放入容器中,覆蓋上保鮮膜放置40分鐘,讓它進行第一階段的發酵。

5 麵團膨脹兩倍以上時,倒在工作桌用手拍打,藉此讓麵團排出氣體,摺三、四次後進行搓揉。

6 加入副材料
用手拍打麵團,接著將它攤平,均勻撒上3~4等份的栗子後,將麵團捲起來。

7 成形
用手施力壓末端的部分,讓它緊密黏合,接著將黏合的部分向下朝烤箱盤放置。

8 第二輪發酵・利用蒸氣烘烤
覆蓋上塑膠放置40分鐘讓它發酵後,用刀在表層劃上斜線,接著塗抹牛奶雞蛋,然後放進預熱為250℃的烤箱中,讓它產生蒸氣後降低為200℃,就這樣烘烤25分鐘。

讓人想到萬聖節派對的南瓜麵包
冬南瓜鄉村麵包

由於添加南瓜，外型也像南瓜一樣，
是一種會讓人聯想到萬聖節派對的麵包。
由於裂縫中隱約看得見紫色番薯，
因此更加吸引人，雖然只利用天然食材製作，
但是外型佳、色彩豐富，小朋友們也會喜歡。

Ingredients ●

高筋麵粉 175g

粗全麥粉 25g

天日鹽 5g

有機砂糖 5g

即溶酵母 6~7g

煮過的冬南瓜 100g

橄欖油 15g

雞蛋 1顆

水 100g

煮過的紫色番薯 100g

南瓜籽 50g

紫色番薯

呈現紅色的花青素具有卓越的抗酸化效果，具備此一物質的辣椒、葡萄、藍莓等都被視為是健康食品。番薯的外皮也有大量的花青素，所以倘若可以連皮一起食用會更好，但紫色番薯本身就含有極豐富的花青素。隨著花青素具備抗癌作用與預防高血壓的效果此一事實被廣為人知後，花青素就更加深受矚目。經常運用在麵包或年糕中，可以煮過在製作麵團時加入，或者是切碎加入。

Time table ●製作冬南瓜鄉村麵包的預期需要時間是2小時35分鐘。

準備材料10分鐘　　製作麵團20分鐘　　　　　　第一輪發酵40分鐘

How to make ●

1 **製作麵團**
將粗全麥粉、砂糖、鹽巴和酵母在互相不接觸到的狀態下加入麵粉中攪拌。

2 製作出火山口的形狀，將煮過的冬南瓜倒在中間。

3 也加入雞蛋和橄欖油。

4 由於隨著南瓜的狀態不同，水的量也會不一樣，一邊觀察濃度來決定水的多寡。

5 一邊用手將南瓜捏碎，一邊加入粉末均勻攪拌。

6 連續20分鐘充分攪拌。

7 **加入副材料**
攤開麵團，然後均勻加入南瓜籽。

Baking tip ●

加入有水分的材料時要注意水量的多寡
將像煮過的冬南瓜一樣這種具有水分的材料加入麵團時，需要特別調整水量的多寡，冬南瓜煮過後可能會很稀爛，也有可能會是水分少且口感較脆。儘管加入相同的量，麵團需要的水量也會有相當大的差異。大量製作麵團時，隨著南瓜的狀態不同，水甚至可能會差幾公升。

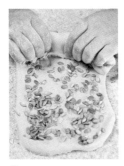

8 從邊緣開始將麵團捲起，接著摺過幾次後進行搓揉。

9 **第一輪發酵**
均勻混入南瓜籽，揉滾過後裝入容器中，覆蓋保鮮膜放置40分鐘，接著讓它進行第一階段的發酵。

10 **靜置時間**
待麵團膨脹到2～2.5倍的時候，倒在工作桌上滾成圓團，然後放置10分鐘。

11 **加入副材料**
搓揉三、四次後，將麵團攤平，接著倒入一半的紫色番薯，將麵團摺起來一次。剩下的番薯則倒在上面，然後再摺一次，唯有這樣番薯才不會碎裂。

Baking tip ●

12 **成形・第二輪發酵**
將麵團輕輕滾過後放在烤箱盤上，覆蓋上保鮮膜放置40分鐘讓它進行第二階段的發酵，接著用手沾麵粉，在中間施力壓，讓它變成南瓜的形狀。

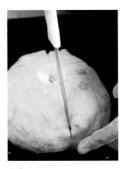

13 **利用蒸氣烘烤**
從邊緣開始用刀稍微劃下，同時維持一定的間隔，放進預熱為230℃的烤箱中，讓烤箱產生蒸氣後，將溫度降低為180℃，讓它烤25分鐘。

利用蒸氣烘烤
假設想要製作像法國麵包（baguette）或鄉村麵包這種外表堅硬、內層酥軟的麵包，在麵團放進烤箱後，要讓它產生蒸氣來進行烘烤。
製造蒸氣的方法是烤箱下層放置一盤鵝卵石，利用230～250℃預熱20分鐘後將麵團放進去，接著在裝有石頭的碟子倒入400～500公升的熱水，然後立刻關上烤箱。如此一來，水蒸氣就會立刻上升，在製造出蒸氣後，配合麵包降低烤箱的溫度，然後在既定的時間內進行烘烤。

具有潤澤與嚼勁的三明治麵包

馬鈴薯拖鞋麵包

義大利文ciabatta是拖鞋的意思，
由於這一類的麵包長得像拖鞋，所以才會命名為拖鞋麵包。
由於將煮過的馬鈴薯加入麵團中，麵團顯得更加柔軟與香濃，
柔軟的拖鞋麵包也適合當作三明治麵包食用。

Ingredients ●

高筋麵粉 300g

粗麥粉 75g

天日鹽(麵團用) 8g

即溶酵母 5~6g

水 260g

橄欖油 40g

蒸過的馬鈴薯 370g

天日鹽(馬鈴薯用) 3g

粗麥粉

這是一種義大利人在製作義大利麵麵團時會使用的粉末，是搗碎杜蘭麥(Durum wheat)製作成的，顆粒粗糙且散發黃色光芒，不管是義大利麵或者是麵包都經常使用此一粗麥粉。加入水中煮的話，就會變得柔軟，在歐洲製作點心時也會使用。加入麵包時，由於麩質很多，麵包表面會變結實，同時散發一股香味。

準備材料10分鐘　　　製作麵團20分鐘　　　發酵40分鐘

How to make ●

1 **製作麵團**
將粗麥粉、鹽巴和酵母加入麵粉中攪拌。

2 製作成火山口的形狀，將水和橄欖油加入攪拌。

3 在工作桌上如同畫圓一般地搓揉麵團。

4 製作黏稠狀態的麵團。

5 **準備馬鈴薯**
將鹽巴加入煮過的馬鈴薯中，用手攪拌。

Baking tip ●

保管麵包的時候
像鄉村麵包這一類的麵包在外層堅硬、內層軟的狀態下是最美味的，雖然製作好的當天食用會比較好，但倘若麵包有剩下的話，一般都會放進塑膠袋冷凍保管，想要吃的時候就取出解凍一個小時，接著放進烤箱中稍微烤過便可食用。就算沒有耐性也千萬別放進微波爐加熱，因為這樣會導致麵包變得相當硬。放進塑膠袋的話，外層會變硬且難咬，酥脆感也會消失；裝入紙袋的話，外層失去酥脆感的機率較低，但是卻很容易乾燥。

6 添加馬鈴薯

將⑤的馬鈴薯加入④的麵團中攪拌，持續搓揉直到馬鈴薯完全融入為止。

7 發酵

麵團變柔軟的話，利用切刀舀起裝入容器中，覆蓋保鮮膜靜置40分鐘讓它發酵。

8 靜置時間

在工作桌撒上粉末，將發酵的麵團倒在桌上滾過後，覆蓋保鮮膜放置10分鐘。

9 成形

撒上粉末製作成四方形，然後分成4等份。

10 烘烤

放進預熱為180℃的烤箱中烤20分鐘。

添加炒過的蔬菜的異國風味
咖哩薄麵包

模仿在烤爐中烤的印度烤餅製作成蔬菜麵包，
添加咖哩粉，將炒過的蔬菜削薄捲起來烤的話，
就可以製作成散發淡淡香味的異國風味麵包。

Time table ● 製作咖哩薄麵包的預期需要時間是2小時35分鐘。

準備材料20分鐘　製作麵團20分鐘　第一輪發酵40分鐘　靜置時間10分鐘

成形10分鐘　第二輪發酵40分鐘　烘烤15分鐘　完成

Ingredients ●

高筋麵粉　200g
粗全麥粉　30g
楓樹糖漿　30g
天日鹽　3g
即溶酵母　5g
泡打粉　6g
雞蛋　1顆
水　110~120g

炒咖哩蔬菜

絞碎的豬繞　120g
搗碎的洋蔥　1/2顆的份量
搗碎的青椒　1/2顆的份量
番茄醬　30g
（tomato paste）
咖哩粉　10g
鹽巴、胡椒粉、
食用油　適量

How to make ●

1 準備副材料
將油倒進平底鍋，接著加入絞碎的豬肉、洋蔥和青椒炒，用鹽巴和胡椒粉調味，然後加入咖哩粉和番茄醬炒。

2 製作麵團
將雞蛋、楓樹糖漿、鹽巴加入水中，利用攪拌器攪拌，接著把粗全麥粉、酵母和泡打粉全部加入麵粉中攪拌。

3 第一輪發酵
搓揉麵團20分鐘後，稍微滾過放入容器當中，覆蓋保鮮膜放置40分鐘，讓它進行第一階段的發酵。

4 靜置時間
取出發酵的麵團放在工作桌上，分成六等份，滾過團狀覆蓋保鮮膜，讓它放置10分鐘。

5 成形
撒上粉末，將六個麵團桿薄。

6 將①炒過的蔬菜分成三等份，均勻放在三個麵團上方。

7 將桿薄的麵團覆蓋上，利用桿麵棍桿成長條狀。

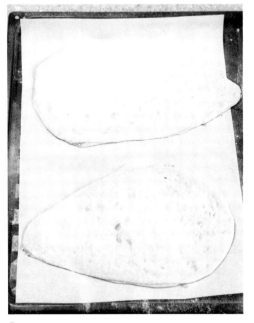

8 第二輪發酵・烘烤
放在烤箱盤，覆蓋保鮮膜放置40分鐘讓它進行第二階段發酵後，接著在預熱為190℃的烤箱中烤15分鐘。

將香菇炒過添加入的結實的
黑砂糖香菇麵包

添加了蘑菇和乳酪，宛如三明治一般散發相當豐富的口感，
乳酪則是將一般薄乳酪疊三、四片後一次切成小骰子的形狀來使用，
剛烤好溫熱時吃最美味。

Time table ● 製作黑砂糖香菇麵包的預期需要時間是2小時40分鐘。

準備材料20分鐘　　製作麵團20分鐘　　第一輪發酵40分鐘

成形10分鐘　靜置10分鐘　　第二輪發酵40分鐘　　烘烤20分鐘　完成

Ingredients ●

高筋麵粉 200g

全麥麵粉 50g

即溶酵母 6~7g

豆奶 85g

水 80g

菜籽油 20g

黑砂糖 40g

天日鹽 5g

炒過的蘑菇 100g

切達乳酪 50g

How to make ●

1 製作麵團
將全麥麵粉和酵母加入麵粉中攪拌。

2 將豆奶、水、菜籽油、鹽巴和砂糖加入另一個容器中，利用攪拌器攪拌後倒進①中，然後用木頭飯匙攪拌。

3 第一輪發酵
攪拌完成後，倒在工作桌上搓揉20分鐘以上，接著滾過放進容器中，覆蓋保鮮膜放置40分鐘，讓它進行第一階段的發酵。

4 靜置時間
取出麵團，用手搓揉滾成圓形，覆蓋保鮮膜放置10分鐘。

5 加入副材料
將蘑菇切碎，放進淋有油的平底鍋中炒，炒熟後接著用篩網去除水分，用桿麵棍桿④的麵團，然後撒上炒過的蘑菇。

6 均勻撒上切達乳酪後，將麵團捲起來。

7 第二輪發酵‧烘烤
將麵團的末端緊黏在一起，覆蓋保鮮膜放置40分鐘，讓它進行第二階段發酵後，再用剪刀從表層剪出形狀，接著放進預熱為190℃的烤箱中烤20分鐘。

如同不需要配菜的野菜飯的麵包

小番茄蘆筍麵包

這是一種在龐大的麵包中添加具有彈性的小番茄與蘆筍的營養麵包，
在表層撒上乳酪，讓麵包的香味更上一層樓，
搭配一杯飲料的話，就可以化身為健康點心。

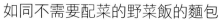

Time table ● 製作小番茄蘆筍麵包的預期需要時間是55分鐘。

準備材料15分鐘　製作麵團5分鐘　裝盤5分鐘　　　　烘烤30分鐘　　　　完成

Ingredients ●

高筋麵粉 250g
即溶酵母 6g
泡打粉 7g
雞蛋 1顆
蜂蜜 25g
天日鹽 5g
牛奶 130g
橄欖油 40g
小番茄 10顆
蘆筍 3根
帕瑪森乳酪 些許

How to make ●

1 **製作麵團**
將雞蛋、蜂蜜、橄欖油、鹽巴、牛奶加入容器中,接著利用攪拌器攪拌。

2 將酵母和泡打粉加入麵粉中攪拌。

3 將②加入①中,利用飯匙攪拌。

4 **加入副材料**
將蘆筍和小番茄切過之後,然後加入麵團中輕輕攪拌。

5 **裝盤**
將麵團適量地倒在烤箱盤中。

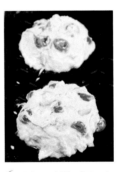

6 將麵團製作成圓形。

7 **烘烤**
撒上切碎的帕瑪森乳酪之後,放進預熱為180℃的烤箱中烘烤30分鐘。

添加含有豐富胡蘿蔔素的胡蘿蔔
蜂蜜胡蘿蔔麵包

胡蘿蔔中含有大量對眼睛有益的胡蘿蔔素，
將胡蘿蔔添加入麵包中的話，味道就會更棒，
就算是偏食的人也會食用，由於添加蜂蜜，
是一種甜味更上一層樓的健康麵包。

準備材料15分鐘　製作麵團5分鐘　裝盤5分鐘　　　　　烘烤30分鐘　　　　完成

Ingredients ●

高筋麵粉　250g
泡打粉　10g
蜂蜜　50g
天日鹽　3g
雞蛋　2顆
優格　50g
牛奶　50~60g
切碎的紅蘿蔔　200g

How to make ●

1 製作麵團
將雞蛋、鹽巴、蜂蜜
和優格、牛奶加入容
器中，利用攪拌器攪
拌。

2 將泡打粉加入麵粉
中攪拌。

3 將②加入①中，利
用塑膠飯匙攪拌。

4 加入副材料
加入切碎的紅蘿蔔攪
拌。

5 裝盤・烘烤
將麵團分兩半放進烤
箱盤中，放進預熱為
180℃的烤箱中烘烤
30分鐘，烘烤時，由
於麵團可能會膨脹，
要讓麵團維持一定的
間隔。

利用常見的材料創造獨特的麵包！

美洲南瓜麵包

將義大利料理中經常使用的美洲南瓜添加進麵包中，
隨著美洲南瓜變熟，讓麵包也變得更加具有潤澤，
不僅外觀有趣，味道也很棒。

Time table ● 製作美洲南瓜麵包的預期需要時間是45分鐘。

準備材料15分鐘　　製作麵團10分鐘　　裝盤5分鐘　　　　烘烤15分鐘　　　　完成

Ingredients ●

高筋麵粉　150g
純米粉　75g
泡打粉　7g
雞蛋　2顆
有機砂糖　90g
天日鹽　2g
牛奶　100g
菜籽油　45g
切碎的美洲南瓜　240g
裝飾用美洲南瓜　適量

How to make ●

1 **製作麵團**
將雞蛋、鹽巴和砂糖加入容器中，利用攪拌器攪拌。

2 依序加入牛奶和菜籽油攪拌。

3 將米粉和泡打粉混入麵粉中，接著加入②中。

4 利用飯匙攪拌，攪拌成柔滑狀。

5 **加入副材料**
加入切碎的美洲南瓜後，利用飯匙輕輕攪拌。

6 **裝盤**
將麵團裝入塗抹油的鬆餅杯中。

7 **烘烤**
將南瓜切成厚塊狀一一放在麵團上面，接著放進預熱為180℃的烤箱中，烘烤15分鐘。

加入煮過的番薯的米麵包
黑砂糖番薯麵包

黑砂糖和白砂糖不同，具有香味，
它的味道和番薯相當融洽，營造出一股相當特殊的味道，
利用米製作會更具魅力。

Time table ● 製作黑砂糖番薯麵包的預期需要時間是1小時20分鐘。

準備材料10分鐘 　　製作麵團10分鐘 　　裝盤5分鐘 　　　　　　發酵30分鐘

烘烤25分鐘 　　　　　完成

Ingredients ●

製作麵包用米粉 200g
黑砂糖 20g
天日鹽 4g
即溶酵母 5g
雞蛋 1顆
牛奶 60g
水 50g
向日葵籽油 20g

裝飾
切成小塊的番薯 150g
黑砂糖 適量

How to make ●

1 製作麵團
將米粉、鹽巴、酵母和黑砂糖加入容器中攪拌，在另一個容器中則加入牛奶、水、雞蛋和向日葵籽等材料攪拌。

2 將混合的液體倒進粉末中，利用木頭飯匙攪拌。

3 充分攪拌讓蛋糕麵團呈現光滑狀，可以適當產生麩質，同時調整麵團的濃度。

4 準備模
在圓形模中鋪上紙張後，側面則塗抹油。

5 裝盤
將麵團倒入模中。

6 加入副材料
將切好的番薯放在麵團上。

7 發酵・烘烤
撒上黑砂糖，覆蓋保鮮膜後，放置30分鐘讓它發酵，接著放進預熱為180℃的烤箱烘烤25分鐘。

香甜的豆子和綠茶搭配而成的
綠茶大豆米麵包

這是一種將豌豆、紅豆、菜豆等…
加入添加綠茶的米麵團烤成的米麵包,
咀嚼甜蜜的豆子後會讓人覺得更加美味,
製作好隔天再吃會更加柔軟與美味。

Ingredients

純米粉 200g

爆米香 10g

綠茶粉 4g

有機砂糖 20g

天日鹽 2g

米糊酵種 40g

即溶酵母 5g

溫水 170g

米糊酵種

米粉 60g

水 300g

裝飾

紅豆・豌豆・菜豆 些許

爆米香

經常當作零食來吃的爆米香有
100%是米,放進食物處理機
中均勻絞碎的話,可以製作成
不同於米粉的另一種米粉,將
鬆軟的爆米香和米麵包一起使
用時,可以扮演輔助米粉的作
用。由於幾乎沒有水分、很輕盈,10公克左右大約是
一碗的份量,放進食物處理器中搗碎時由於較輕盈,
需要長時間進行。

Time table ● 製作綠茶大豆米麵包的預期需要時間是1小時50分鐘。

準備材料10分鐘　　　　　　製作米糊酵種20分鐘　　　　　裝盤10分鐘

How to make ●

1 **製作米糊酵種**
在60公克的米粉中加入水300公克讓它變成糊，利用攪拌器攪拌，稍微煮過後讓它成為均勻的米糊，接著關火放置冷卻。

2 **製作爆米香粉**
將爆米香加入食物處理機中均勻絞碎成粉末。

3 **製作麵團**
將水、砂糖、鹽巴加入容器中，利用攪拌器攪拌，直到砂糖融化。

4 將綠茶粉倒進米粉當中。

5 將④倒進③當中。

Baking tip ●

米糊酵種和爆米香粉
製作米蛋糕或米麵包時有一個有趣的方法，那就是利用米糊酵種和爆米香粉，利用米粉製作成糊完成的米糊酵種會讓米麵包的構造變得更結實，爆米香粉則扮演輔助米粉的作用。

6 將②的爆米香倒入⑤中。

7 倒入①的米糊酵種裡。

8 利用塑膠飯匙充分攪拌，直到麵團變均勻。

9 **裝盤**

將麵團分別裝入三個扁平的圓形容器中，利用塑膠飯匙將麵團攤平。

10 **發酵・烘烤**

均勻放上豌豆、紅豆、菜豆，接著覆蓋上保鮮膜放置30分鐘，讓它進行發酵，接著放進預熱為160℃的烤箱中烤40分鐘。

烤過的蔬菜更美味！

蔬菜米麵包

這是將馬鈴薯、番薯、南瓜和蘆筍等結實的蔬菜
依照自己的喜好擺上製作成的麵包，放進烤箱中烤的話，
蔬菜會更加美味，就算不另外讓麵包增加甜味，也可以美味地享用。

Time table ● 製作蔬菜米麵包的預期需要時間是1小時40分鐘。

準備材料10分鐘　製作麵團10分鐘　成形10分鐘　　　發酵30分鐘

烘烤40分鐘　　　　　　　　完成

Ingredients ●

純米粉　300g
爆米香　20g
有機砂糖　10g
天日鹽　3g
米糊酵種(參考212頁)　60g
乾酵母　6g
溫水　250g
葡萄乾　120g

裝飾

冬南瓜　1/4顆
蘆筍　3~4根
煮過的馬鈴薯　1顆
煮過的紫色番薯　1個
小番茄　3~4顆

How to make ●

1 **製作麵團**
將水、砂糖、鹽巴加入容器中，利用攪拌器攪拌。

2 將米粉和酵母加入其他容器中攪拌。

3 將爆米香放進食物處理器中均勻搗碎製作成粉末。

4 將②加入①中，然後加入③的爆米香粉和酵種攪拌後，接著用力搓揉讓它均勻混合且不會結塊。

5 **加入副材料**
加入葡萄乾攪拌。

6 **發酵‧烘烤**
將麵團倒進模中，將表層攤平後，均勻放上蔬菜，讓它發酵30分鐘後，放進預熱為160℃的烤箱中烘烤40分鐘。

三明治的關鍵並不在於內層餡料，而是在於它的外層—麵包，
但知道這一點的人其實並不多，
隨著使用麵包的種類不同，三明治的品格也會有所不一樣。
利用高筋麵粉製作成的麵包，內層也要用適合它的對身體有益且新鮮的食材來填補。
這種三明治不僅對放學回家的小朋友來説是營養滿分的點心，
同時也是假日可以輕鬆享受手工烘培早午餐的一大選擇。

養生三明治
well-being sandwich

水果三明治
蘑菇外餡三明治
煙燻鮭魚三明治
布利乳酪蘋果三明治
橄欖油佛卡夏三明治
迷迭香雞肉三明治
番茄乳酪三明治

完整呈現天然原味的

水果三明治

塗抹添加龍舌蘭草蜜的甜蜜醬汁，加入新鮮的水果，雖然看起來很單純，
但味道卻絲毫沒有不足之處，反而因為簡單而感受到全新的味覺。

Ingredients ●

三明治專用吐司 6片
奇異果 1顆
蘋果 1/3顆
草莓 4~5顆

美乃滋醬
美乃滋 1/2杯
龍舌蘭草蜜 1大匙

How to make ●

1 製作醬料
將龍舌蘭草蜜加入美
乃滋中攪拌。

2 製作三明治
將吐司的一面塗抹醬。

3 將切成厚片的奇異果放在塗抹醬的吐司上。

4 取出蘋果籽，切成
0.7～0.8公分的厚度
放在吐司上。

5 將草莓切半放上。

6 將放有水果的吐司
全都用另一片吐司蓋
起來且切半。

Baking tip ●

三明治專用吐司
由於剛烤好的吐司很柔軟，
雖然可以直接吃，但是三明
治卻不適合。倘若太沒有力
的話，就會難以切下，很快
就會變扁，三明治的吐司最
好是製作好放置一天的會最
適合，形狀也比較漂亮。

瀰漫著一股融化乳酪的香味

蘑菇外餡三明治

這是一種和穀物麵包或法國麵包相當搭配的三明治，
麵包的一邊放上炒蘑菇和乳酪，然後放進烤箱中烘烤。
將蘑菇和茄子炒過加入，可以均勻地吃到蔬菜，剛烤好溫熱時吃最美味。

Ingredients ●

黑麥麵包 2片

火腿片 4片

起司(高達起司) 4片

奶油 適量

蘑菇 70g

茄子 50g

橄欖油 適量

鹽巴・胡椒粉 些許

莫薩里拉乳酪 70g

荷蘭芹粉(parsley) 些許

How to make ●

1 利用放置在室溫中變柔軟的奶油塗抹麵包。

2 放入切薄的火腿和乳酪。

3 將蘑菇和茄子切過放進淋有橄欖油的平底鍋中炒，接著撒上些許的鹽巴和胡椒調味。

4 將③的炒蔬菜放在②上面。

5 放上滿滿的莫薩里拉乳酪。

6 稍微撒上一些荷蘭芹粉，放進預熱為190～200℃的烤箱中烤，直到乳酪融化為止。

宛如可頌那酥脆的柔和感

煙燻鮭魚三明治

這是一種添加含有豐富不飽和脂肪酸且對皮膚有益的鮭魚、
以及和鮭魚相當搭的刺山柑(Caper)、洋蔥和奶油乳酪醬所製作成的三明治，
利用柔軟的可頌，讓它的味道更加香濃。刺山柑在進口食品商店購買瓶裝的產品。

Ingredients ●

可頌 2個
燻製鮭魚 4片
洋蔥 1/4顆
醃黃瓜 1個
萵苣 2片
刺山柑 1小匙

奶油乳酪醬

奶油乳酪 1/3杯
酸奶油(sour cream)
1大匙
鮮奶油 1又1/2大匙
搗碎的醃黃瓜 2大匙

How to make ●

1 **製作奶油乳酪醬**
首先，將奶油乳酪加
入容器中，接著利用
攪拌器攪拌柔軟。

2 奶油乳酪變柔軟之
後，混入酸奶油，接
著加入鮮奶油攪拌。

3 最後加入搗碎的醃
黃瓜攪拌，如此一來
便完成了醬料。

4 **製作三明治**
將可頌切半，兩面都
塗抹上奶油乳酪醬。

5 各自鋪上兩片萵苣、燻製鮭魚以及適量的刺山
柑。

6 將洋蔥切絲加入。

7 接著加入切成薄片
的醃黃瓜。

瀰漫著一股清淡乳酪味的
布利乳酪蘋果三明治

蘋果、葡萄、水梨、無花果等水果和乳酪相當搭，
所以製作乳酪拼盤（cheese plate）的時候一定都會添加水果，運用這一點來製作了三明治。
由於添加了香脆蘋果和味道清淡的布利乳酪，所以成為相當夠份量的點心，
購買圓形塊狀的布利乳酪，然後切成放射形薄片添加進去。

Ingredients ●

小塊的法國麵包 2個
蘋果 1/2顆
布利乳酪 1/2個
菊苣葉（chicory） 些許

奶油醬料
奶油（加鹽） 1/3杯
橄欖油 1又1/2大匙

How to make ●

1 **製作奶油醬料**
將奶油加入容器中，
接著利用攪拌器攪拌
到柔軟的狀態，添加
橄欖油攪拌製作成醬
料。

2 **製作三明治**
用刀將事先準備好的
法國麵包切半。

3 將奶油醬塗抹在法
國麵包切開的兩面。

4 將蘋果切薄浸泡在
砂糖水後使用，將布
利乳酪切成薄長片。

5 加入菊苣葉。

6 加入蘋果和布利乳
酪，利用紙張包覆讓
它不致於張開，如此
一來就能方便食用。

我的第一本手做健康甜點 225

橄欖加上橄欖的美妙組合
橄欖油佛卡夏三明治

將佛卡夏切一半製作成像口袋一樣，然後裝滿橄欖和蔬菜，
由於醬料不是使用乳酪或奶油，而是使用橄欖油的關係，所以顯得更加清淡爽口。
讓人深深陷入橄欖油的魅力當中，同時也能明白歐洲人喜歡橄欖油那微鹹口感的原因。

Ingredients ●
佛卡夏 1個
黑橄欖 1/2杯
綠橄欖 1/4杯
煮熟的花椰菜 1/2杯
青椒 1/4顆
奇異果 1/2顆
蔓越莓乾 1/2杯
橄欖油 1大匙
巴薩米克醋
（balsamico）1大匙
帕瑪森乳酪 些許

How to make ●

1 **製作奶油醬料**
將佛卡夏切半，然後利用刀將內部切成像口袋一樣張開。

2 將黑橄欖和綠橄欖切半加入容器中，然後加入煮熟且切小塊的花椰菜。

3 將青椒和奇異果切小塊加入容器中，接著加入蔓越莓乾均勻攪拌。

4 將橄欖油和巴薩米克醋倒入③中攪拌。

5 將帕瑪森乳酪刨碎加入，接著將其均勻攪拌。

6 利用湯匙將⑤的食材填滿佛卡夏。

維持營養均衡的一餐！

迷迭香雞肉三明治

只要將醃過的雞胸肉和迷迭香一起烤過的話，
在家也能夠製作出像餐廳一樣的雞肉三明治，利用搗碎的大蒜代替乳酪或奶油，
製作成大蒜醬來使用，藉此呈現出更具風味的三明治。

Ingredients ●

麵包(鄉村麵包類) 4片
萵苣 2片
生菜 2片
醃黃瓜 4~5片
醃漬過的洋蔥(罐頭) 些許

烤雞胸

雞胸肉 4片
青椒 1/4顆
洋蔥 1/8顆
鹽巴‧胡椒粉 些許
芥末 1小匙
水 適量
迷迭香 5節
橄欖油 些許

大蒜醬

美乃滋 80g
巴薩米克醋 5g
搗碎的大蒜 6g

How to make ●

1 **製作大蒜醬料**

將搗碎的大蒜和巴薩米克醋加入美乃滋中攪拌。

2 **醃漬雞胸肉**

將青椒和洋蔥切碎加入雞胸肉當中，接著加入芥末、鹽巴、胡椒粉攪拌，然後放置2~3小時。

3 將雞胸肉加入平底鍋中，倒入水將它煮滾，雞肉熟的話，將雞肉撈起放置冷卻，接著將它切兩半。

4 在平底鍋中倒入足夠的橄欖油，接著加入迷迭香去炒。

5 迷迭香呈現黃色狀時，將雞肉也加進去拌炒到兩邊都變黃為止，如此一來，雞肉就會瀰漫著迷迭香的香味。

6 將①的大蒜醬料塗抹在兩片麵包上，接著放上萵苣、烤過的雞肉、醃漬過的洋蔥和醃黃瓜。

7 將剩下的兩片麵包都塗抹大蒜醬後加入生菜，再次稍微塗抹一些大蒜醬，接著讓麵包重疊夾起來。

番茄和乳酪清淡的組合

番茄乳酪三明治

這是參考利用番茄、莫薩里拉乳酪、羅勒製作成的番茄乳酪沙拉（Caprese salad），所製作成的三明治，
番茄乳酪中使用的莫薩里拉乳酪，一定要是像豆腐一樣柔軟的新鮮莫薩里拉乳酪，
巴薩米克調味汁要利用攪拌器攪拌到黏稠狀倒入，
唯有這樣醬汁才會和食材融合在一起，這樣才會更加美味。

Ingredients ●

拖鞋麵包 2個
生菜葉 2片
杏鮑菇 2顆
番茄 1顆
羅勒 4~5片
新鮮莫薩里拉乳酪 6片
橄欖油 些許
鹽巴‧胡椒粉 些許
奶油乳酪 些許

巴薩米克調味汁

橄欖油 100g
巴薩米克醋 30g
蜂蜜 40g
搗碎的洋蔥 40g
搗碎的羅勒 5g
鹽巴 3g

How to make ●

1 製作巴薩米克調味汁

將橄欖油、巴薩米克醋、蜂蜜、搗碎的洋蔥、搗碎的羅勒和鹽巴加入容器中，接著利用攪拌器攪拌成黏稠狀。

2 炒杏鮑菇

將杏鮑菇切片，接著放在撒有橄欖油的鍋子中，加入些許的鹽巴和胡椒粉一起炒。

3 製作三明治

將拖鞋麵包切半，兩邊都塗抹上奶油乳酪。

4 放入萵苣，也可以依照個人喜好加入其他蔬菜。

5 放上三片新鮮的莫薩里拉乳酪片。

6 將番茄切片擺上，接著加入羅勒。

7 放上炒好的杏鮑菇後，淋上①的巴薩米克調味汁。

利用豆奶和澱粉糖漿製作成的三種味道
3種天然冰淇淋

這是一種沒有添加乳製品，利用豆奶呈現清淡爽口味道的冰淇淋，
添加香草、草莓和番薯等天然食材來呈現口味，
冷凍過後想要食用時放進攪拌機中攪拌的話，
就可以品嘗黏稠的冰淇淋。

豆奶香草冰淇淋

Ingredients ●

豆奶 250g

寒天粉 2g

香草豆 1/4個

澱粉糖漿 50g

龍舌蘭草蜜 40g

鹽巴 些許

油菜籽油 30g

How to make ●

1 煮沸

將豆奶、寒天粉、香草豆倒入鍋子，利用攪拌器一邊攪拌，一邊用小火加熱。

2 混入鹽巴、龍舌蘭草蜜和澱粉糖漿，接著倒入油菜籽油煮。

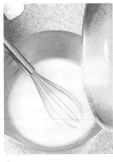

3 均勻混合好的話，將香草豆的外皮撈起扔棄，接著倒入容器中讓它冷卻。

4 冷卻攪拌

在呈現有些凝結、完全冷卻的狀態時倒入攪拌機中攪拌，隨著油質成分均勻擴散，讓它呈現黏稠且柔和的狀態。

5 冷凍

將④倒入較寬的鍋子中，然後用保鮮膜覆蓋放進冰箱中冷凍。

6 製作冰淇淋

將②切碎放入食物處理機中均勻攪拌。

7 倘若沒有任何冰塊且呈現柔和狀的話，可以用冰淇淋勺盛起來。

8 放在碗或餅乾上。

豆奶草莓冰淇淋

Ingredients ●

草莓　150g

有機砂糖　30g

檸檬汁　5g

豆奶　250g

寒天粉　2g

澱粉糖漿　50g

龍舌蘭草蜜　45g

鹽巴　1g

油菜籽油　30g

How to make ●

1 草莓的前置處理

將草莓裝入容器中，加入砂糖、檸檬汁利用木頭飯匙搗碎。

2 煮沸

將豆奶倒入鍋子裡，將它煮到80℃，接著加入寒天粉、鹽巴、澱粉糖漿、龍舌蘭草蜜和油菜籽油攪拌。

3 加入搗碎的草莓攪拌。

4 冷卻且搗碎

倒入容器讓它完全冷卻後，倒進攪拌機中攪拌均勻。

5 冷凍

倒入較寬的鍋子中，然後用保鮮膜覆蓋放進冰箱中冷凍。

6 製作冰淇淋

切成小塊狀倒入食物處理機中均勻搗碎。

7 利用冰淇淋勺盛起裝入容器或餅乾上。

234

豆奶馬鈴薯冰淇淋

Ingredients ●

煮過的馬鈴薯
（中等程度的大小）2個
豆奶 300g
澱粉糖漿 70g
龍舌蘭草蜜 70g
鹽巴 2g
油菜籽油 40g

How to make ●

1 將煮過的馬鈴薯裝入鍋子中，利用飯匙均勻搗碎。

2 煮沸
加熱且一邊倒入豆奶均勻攪拌，同時依序加入鹽巴、龍舌蘭草蜜、澱粉糖漿和油菜籽油攪拌。

3 利用攪拌器攪拌，同時煮滾到讓食材完全融合。

4 冷卻
倒入容器中讓它完全冷卻。

5 利用攪拌機攪拌
倒入攪拌機中攪拌均勻。

6 冷凍
倒入較寬的鍋子中，然後用保鮮膜覆蓋放進冰箱中冷凍。

7 製作冰淇淋
切成小塊狀倒入食物處理機中均勻搗碎。

8 利用冰淇淋勺盛起裝入容器或餅乾上。

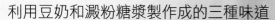
利用豆奶和澱粉糖漿製作成的三種味道
芒果雪酪 · 草莓雪酪

就算沒有冰淇淋機，只要冷凍過均勻搗碎的話，
還是可以製作出柔和且黏稠的冰淇淋，雪酪的關鍵就在於均勻搗碎，
不過，由於冰塊很堅硬，所以必須使用馬達力量夠強的食物處理機，
試著在家製作出口感濃郁且高級的點心。

芒果雪酪

Ingredients ●
芒果泥 250g
水 150g
有機砂糖 65g
葡萄糖 25g

How to make ●

1 將水、砂糖和葡萄糖加入容器中,接著用小火加熱。

2 煮到80℃後加入芒果泥,再稍微加熱到60℃左右,如果溫度太高會導致芒果泥的味道變差。

3 倒入容器中讓它冷卻。

4 倒入較寬的容器中放進冷凍室中冷凍。

5 切小塊倒進食物處理機中均勻搗碎。

草莓雪酪

Ingredients ●
草莓泥 250g
水 125g
有機砂糖 40g
葡萄糖 25g

How to make ●

1 將水、砂糖和葡萄糖加入容器中,接著用小火加熱。

2 稍微加熱,溫度達到60℃就關火,接著將它倒入容器中放置冷卻,如果太滾,顏色可能會改變,所以千萬不要煮太久。

3 倒入較寬的容器中放進冷凍室中冷凍。

4 切成小塊倒進食物處理機中均勻搗碎。

烘焙者、製菓人最想要仿效的CEO－金永模

創業成功守則

金永模是一位靠製菓技術打造成功神話的烘培CEO，儘管他的小店面是在特別講究與挑剔的首爾江南地區，但是後來卻備受肯定，而且就算稱他的店為「被上流階層專用麵包店」也不為過。金永模烘焙店的特色、以及他成功的祕訣是什麼呢？在韓國，只要是製作麵包的人都一定認識他，甜點名將金永模先生同時也是許多人的楷模，對於將來想要開蛋糕店或咖啡廳該有何種態度與準備，在此他將會給予建議。預料以健康為概念創作的《我的第一本手做健康麵包》和《我的第一本手做健康甜點》這兩本書將會成為烘培界的趨勢與經典。

新手想要開烘焙店的話，該從哪一個步驟開始著手進行呢？最想要給創業者的建議是什麼呢？

許多人都對烘焙店創業有興趣，首先，我希望大家能夠明白一件事，那就是開烘焙店絕對不是件容易的事，最好捨棄將這一行當作副業進行的想法，這也意味著經營烘焙店是很困難的。儘管是一家小烘焙店，它的運作系統就和大公司是一樣的，購買好材料的過程、生產過程、展示、販售、甚至到營業，就算規模小，但是卻需要具備和一般企業完全相同的系統。如果忽視這一點草率進行，就一定無法成功經營，初次經營烘焙店的人基本上也需要具備管理能力，就算是連鎖加盟店，管理能力也是相當基本的條件。另外，還需要能夠辨識麵包製作的方法、用肉眼就能夠判斷麵包是否成功的能力，光是盲目地掛上閃閃發光的連鎖加盟店招牌是難以成功的。也有開烘焙店卻只負責經營的人，但是就算雇用烘焙師傅來經營，最終的管理工作還是得由老闆來進行。唯有這樣才可以提升品質和有所發展，無論是哪一種情況，基本功課是絕對不可或缺的。

金永模烘焙店是每一個製作甜點的人都相當羨慕的地方，最大的成功因素是什麼呢？

後輩或同事們經常都會為了創業而來向我諮詢，而這種時候最先問的就是「我去看過某某地區的某某商街，那個位置好嗎？」聽到這番話後，我通常都不會給予回覆，只會請對方喝一杯茶，然後反問他：「你為何想要創業呢？」90%以上的人都是回答説：「因為想要賺錢！」聽到這一類的回答後，我便會勸對方説：「你還沒有做好創業的準備，再等一段時間吧！」

當我問他們說：「你們認為我成功了嗎？」他們一致都會回答說：「已經成功了！」但是，我從來不曾抱持想要賺錢的想法來製作麵包，只是一心想要創造出好的產品而已，卻從未想過要賺錢。1公斤的巧克力有1萬元和5萬元的兩種，想要賺錢的話，一般人應該都會選擇1萬元的巧克力；夏天雨季的時候，拳頭大小的萵苣一桶就要幾千韓幣，想要賺錢的話，當然就會刻意減少一桶的量，倘若不會只是一味想要賺錢的話，一心只想讓顧客品嘗更棒的產品的話，理所當然就要使用最新鮮的產品，就算只是賣出去一個，但我認為這就是我想要的答案，而我就是抱持這種態度工作的。倘若不這麼做的話，顧客再來光顧的機率就會相當低，創業失敗的人一般來說心態是最大的問題，唯有抱持著想要創造好的產品讓顧客會再次光顧的想法，同時去徹底實踐，才能夠獲得成功。雖然這是最基本的，但是沒有遵守此一原則的店卻出乎意料地多，最後當然也就只有被淘汰的命運。顧客是無情的、要製作好的產品、要保持乾淨與衛生的製作環境、要以最棒的服務來應對顧客，這一類的想法都是不可或缺的，畢竟產品就是製作者本身的想法形象化而成的產物。衛生和安全的麵包逐漸成為相當重要的條件，本書中同樣也因為安全性的考量，盡量使用非進口的在地產品。

倘若想要進行小規模的創業準備，需要具備何種競爭力呢？

親自製作麵包來販售的小規模麵包店稱為櫥窗蛋糕店（window bakery），櫥窗蛋糕店和只是烘烤工廠中已經製作好的麵團來販售的連鎖加盟店不同，所有的過程都是在那小小一間麵包店裡完成的。

66 一般來説，創業失敗者的心態是最大的問題，
唯有抱持著想要創造好的產品讓顧客會再次光顧的想法，
同時去徹底實踐，才能夠獲得成功。99

櫥窗麵包店倘若也具備特色的話，也是充分具有發展性的，不要只是一味想要模仿他人，當務之急
是尋找屬於自己店裡專有的特色。地點條件、顧客的喜好、一名顧客的平均消費額等，都會隨著賣
場而有所不同，所以請針對這一點進行分析，而這就是瞭解哪一種商品受歡迎，然後將它進行專門
化。也有人以為金永模烘焙店是因為麵包種類多，所以生意才會好，於是便盲目地增加麵包種類，
這樣最後只會面臨失敗而已，日本的櫥窗蛋糕店當中，也有只是專門製作蘋果派就經營得相當好的
地方、也有只販售小塊蛋糕的地方，所以每個地方的特色是不同的。

想要打造以樂活、健康為概念的蛋糕店？

目前難以針對消費性來談些什麼，健康麵包從營業層面來看，它的銷售寄予度相當低，我們的賣場
也難以去定義哪一種是健康麵包、哪一種則不是健康麵包，因為所有的商品都是利用健康概念製作
的。就算是製作健康麵包，最重要的還是在於味道，無論是哪一種飲食，能夠充分展現出食材本來
的味道是最好的。麵包分為高比例和低比例（含有大量砂糖、乳脂、雞蛋的麵包是高比例，較少量
的則是低比例），低比例麵包有卡路里低的優點，低比例麵包的味道特徵就和使用高筋麵粉時，麵
散發的味道類似，而能夠保存這種天然味道才算是最好的麵包。如果要添加些什麼的話，那就是運
用適合高筋麵粉的在地食材，嘗試將高粱、粟、綠豆等添加入麵包中之後發現，相當符合國人的口
味，製作法國麵包時加入粟和高粱的話，出乎意料之外相當的具有嚼勁。利用這一種方式來研發產
品是相當重要的，大家都自然而然地將這一類的產品稱為養生烘培、健康烘培，最重要的是要具備
能夠呈現味道卓越技術，之後則是打造適合該麵包的賣場氛圍，讓整體能夠達到融洽。

點心咖啡廳和蛋糕咖啡廳相當受歡迎，該如何進行相關準備呢？

近來，複合式賣場儼然已經成為趨勢，並非單純的烘焙店型態，而是麵包、咖啡、飲料、三明治等
一起進行販售，麵包的種類並不多，不過卻會打造屬於自己店裡專屬的幾項特色，利用少數的商品
種類對特定族群決勝負。這一類型態的店往後會更加發展的，倘若更貪心一點的話，則會想要試著
利用在地食材研發出滿足在地人口味的商品，像是米麵包、沒有火腿和香腸的三明治、茄子之類的
蔬菜用油炸或沾醬後烤過也都很美味，這一類的食材加入三明治中也會成為相當不錯的菜單。
近來咖啡廳似乎競爭相當激烈，咖啡店都紛紛擴充賣場與販售麵包，不過，咖啡廳是難以脫離地區

因素來進行營業的，一個地區的人聚集的地方就是咖啡廳，比起大規模的咖啡廳，最好還是出現一些小規模的咖啡廳來代表一個地區會比較好，因為這一類的咖啡廳比連鎖咖啡店更具競爭力。使用當地的食材、製作具備當地特徵的食物…倘若朝著此一方向來進行的話，隨著時代的變化，咖啡廳就會日益茁壯成長的。近來，主婦們都會和家人一起到咖啡廳吃早餐，這種時候，能夠讓人如同置身自家一般舒適、享受如同故鄉飲食一樣深具情感的地方並非加盟連鎖店，而是地方的小咖啡廳。

只使用有機食材、環保食材的話，價格和材料供需上會發生問題？

當然會有問題，在購買食材的過程中，經常都會看得到寫著環保、有機及養生等的單字，雖然不清楚其中有多大的差異，但是卻因為打著「有機」的名號，價格就非常昂貴，烘焙店也會利用這些食材製作麵包，然後收取更昂貴的價格。然而，想要成為真正的有機麵包的話，所有材料都要是有機食材。不過，這卻不是容易的事情，只要說是使用環保或有機食材，消費者就會有很好的反應，我認為無論是使用有機或環保食材，對於消費者坦承是最重要的。使用進口產品一定會有其特殊的理由，只要理由合理的話，消費者就會接受，最好可以坦承的和消費者進行交流。

金永模烘焙店中是否也有嘗試健康菜單卻失敗的例子呢？

這種情況相當多，偶爾會因為太急躁而導致失敗，由於法國或德國的鄉村麵包深具魅力，於是便迫不及待的想要介紹給客人，但是顧客卻未能適時接受，這是因為他們一時之間無法接受這種粗糙且帶有酸味的口感。另外，由於一般東方人只將麵包視為點心，所以無法將麵包當作主食。想要灌輸將麵包當作主食的觀念，首先，就得將麵包改變成適合我們的口味。嘗試利用米製作麵包，然後添加某些食材，米麵包的口感不錯，而且消費者的反應也持續的變好當中。在必須要吃米才算是吃正餐的思想文化中，米麵包的應用價值相當高，而且我們國家的米品質相當好，在材料供給上也相當有利。就算是利用米製作特殊產品，唯有不斷地研究與製作出美味的產品才能夠成功，製作麵包就如同是科學一樣，必須要有關於新產品的簡介，倘若不使用科學的方法製作，就會無法製作出好的產品。由於米不具備可以製作麵包的成分，添加可以變成麵包的成分加工後製作，必須經過充分的測試。假設省略這個步驟，盲目地製作的話，麵包就會很難吃，消費者也不會去購買來食用，最後就會面臨慘痛的結果，只要從一開始就徹底進行準備，就會深具發展性的。

手工烘培對創業會有幫助嗎？

家庭式麵包店在日本各處都深受歡迎，雖然產品不是非常精巧，但是卻可以感受得到如同在家製作的溫情，專門製作手工派、法國家庭式蛋糕等來吸引顧客上門，這些都是如同在家製作的點心，而且都是相當成功的蛋糕，不過，這是因為他們的手工烘培文化已經生活化了，才有可能成功。只是將奶奶製作出來的口味放在賣場販售而已，雖然韓國有歷經幾代延續下來的美味年糕店，但是這一類的麵包卻很難見，所以倘若想要開家庭式烘培屋的話，就得在家持續磨練烘培技巧，只要有充分的經驗，相信就可以開啟有趣的創業之路。

倘若日後想要開設新風格的咖啡廳或蛋糕店的話？

美國的大穀場會直接栽培小麥，收成後便搗碎製作成麵包，不等麵粉熟化就立刻製作成麵包的話，麵包會較沉重，但是卻深受歡迎。偶爾我會想說乾脆去訂契約栽培小麥或穀物，然後將那些材料烤成麵包，儘管規模不大，但因為能和顧客親密的交談與互動，所以反而感覺更棒。我試著想像一個在磨坊旁的小麵包店，我很希望能夠有更多的小烘焙店出現，也希望出現各式各樣呈現地區特性的類型。海南的番薯麵包店、江原道的馬鈴薯麵包店怎麼樣呢？倘若這一類的咖啡店成為該地區的特色，相信應該會深具個性和讓人愉快的。

照片提供：〈Sweet Road—金永模的日本製菓店拜訪記〉©Dream character. Inc

Index

國家圖書館出版品預行編目資料

我的第一本手做健康甜點 / 金永模著；林建豪譯.
-- 初版. -- 臺北市：不求人文化, 2012.07
面；　公分

ISBN 978-986-88195-4-2（平裝）

1. 點心食譜

427.16　　　　　　　　　　　101011129

我的第一本
手做 健康甜點

書名 / 我的第一本手做健康甜點
作者 / 金永模
譯者 / 林建豪
發行人 / 蔣敬祖
副總經理 / 陳弘毅
專案經理 / 廖晏婕
執行編輯 / 陳奕安、Jimmy Tsai
視覺指導 / 黃馨儀
特約美編 / 陳幸伶
法律顧問 / 北辰著作權事務所蕭雄淋律師
印製 / 源順印刷有限公司
初版 / 2012年07月
出版 / 我識出版集團—不求人文化
電話 / (02) 2345-7222
傳真 / (02) 2345-5758
地址 / 台北市忠孝東路五段372巷27弄78之1號1樓
郵政劃撥 / 19793190
戶名 / 我識出版社
網址 / www.17buy.com.tw
E-mail / iam.group@17buy.com.tw
facebook網址 / www.facebook.com/ImPublishing
定價 / 新台幣 450 元 / 港幣 150 元
김영모의 케이크&쿠키 Kim Young Mo's Cake&Cookie
Copyright © 2010 Kim Young Mo & The Dong-A Ilbo
Traditional Chinese translation copyright © 2012 by I'm Publishing(DIY Culture)
Traditional Chinese translation rights arranged with The Dong-A Ilbo
Through M.J Agency

台灣地區總經銷 / 易可數位行銷股份有限公司
地址 / 新北市新店區中正路542之3號4樓

港澳總經銷 / 和平圖書有限公司
地址 / 香港柴灣嘉業街12號百樂門大廈17樓
電話 / （852）2804-6687　傳真 / （852）2804-6409

不求人文化
Diy Culture Publishing